天下文化
BELIEVE IN READING

科學文化 216

一生必修的科學思辨課

江才健 著

目次

結語：科學的誤認與誤區

附錄

推薦文

眼看著他寫更好的文章

趙午

才健是多年的好朋友，除了性格相投，都喜歡給對方開一些無傷大雅的玩笑之外，也因為價值觀比較接近。價值觀接近並不表示事事意見相同，意見不同的時候也會直說。才健這時就在我的意見裡尋找破綻，偶爾詞窮的時候往往在文字上做文章，然後自知理虧，哈哈一笑，「別忘了我是吃文字飯的」。

才健曾經出過一本極有興味的書，也是他的專欄輯，書名是《科學夢醒》。因為我一向很認同他專欄的觀點，曾經鼓動他繼續結集出書，現在他後續的專欄也要付梓，希望我寫個推薦，我想這篇推薦短文應不至淪為蛇足，卻可以算是錦上添花，欣然同意。

當時他告訴我想將書名定為《眼看他起朱樓》，我擊節稱善，這短短幾個字提挈起的正是他的心中塊壘。當時我給他回信，說這些年來，我「眼看著他寫文章了，眼看著他寫好文章了，眼看著他寫更好的文章了。」他回信哈哈，卻不知道我不是隨便說的。

《科學夢醒》和現在結集專欄的新書，都源於才健多年來親身體驗的心路歷程，和他對科學予我人文化衝擊的反思。在目前科學思想當道，發展仍方興未艾的當下，敢於提筆寫下這些反思，是需要勇氣的。

如才健所說，目前的科學發展源於幾百年來科學對生產致用的強大功能，更有二戰原子彈軍事威力的加持。半多世紀來，世界各國無不傾國力支持科學，因其致用功效有目共睹，投入科學發展也就爭先恐後，視為生死存亡的關鍵。如此無限上綱的科學發展，引起的後遺症大量顯現，在巨大致用效果，經濟無止境增長的同時，是金融、生態、能源、防疫、氣候變遷，乃至資源爭奪、市場競爭、財富分配、政治兩極化種種問題的層出不窮，然而應對這些問題，卻是繼續以科學來解決由科學引起的問題，可說是飲鴆止渴。

此些由科學而起的問題，隨時間以幾何級數成倍增長，時間進程步步加快，已有迫在眉睫之急。我人自清末受歐西船堅炮利之辱，經五四全盤西化的高舉賽先生，百年至今仍困於科學致用掛帥之迷思，旅途何其艱辛，路程何其遙遠，脫胎換骨，所為何來？契機何來？

才健繼《科學夢醒》，續以新書一陳他冷對科學「眼看他起朱樓」之思，如此登高一呼，無異給科學敲響了警鐘，我人對科學評價的進一步反思，此其時矣。

（作者為中央研究院數理科學院士）

推薦文

我欣賞的一個反思科學智者

羅浩

最近得知才健新一本的專欄輯出版，很高興藉此機會寫篇短文，表達我對他以及他的思想的讚賞。

才健是我台北師大附中的學弟，因為我大他一輪，早年並不認識，我想是上世紀八十年代，開始常回到台灣後認識他的。那時我們在美國一些生醫方面的研究者，想給台灣生醫科學研究出點力，因此幫忙中研院建立起幾個相關的研究所，那時我注意到《中國時報》寫科學的記者江才健，常能有嚴謹而深刻的報導，由於很欣賞才健為人的誠懇踏實、工作的專業求精，來往相談甚歡，也就成為了好朋友。

才健寫的《吳健雄傳》與《楊振寧傳》，由於對於物理科學有深廣的認識，又花了很長時間的研究訪談與撰寫，這兩本記敘中國近代最好兩位物理學家的著作，就成為既有科學深度，又有優美文字的經典著作，得到許多的肯定。

才健對物理科學有深廣認知，不在話下，後來看到他在生命科學方面，同樣寫出了極為深刻的文章，令我印象深刻，譬如去年新冠疫疾流行時，他的好幾篇專欄，都是十分準確內行的佳作，感受他雖早由新聞界退休，依舊不綴的學習精進。

近些年回到台灣，常會邀他見面敘舊，也分享他近年來對於科學的反思，特別是對科學在我們文化中的意義問題，是我在醫藥專業領域中少能聽到的，我們有時會有辯論，但是也不得不承認，才健的許多想法，給我帶來甚多的啟發。

記得一九九九年才健在美國寫楊振寧傳，我們特別邀請他到明尼阿波尼斯市來作演講，談他對科學的反思，講後一位聽眾回應他演講中所提到中醫的優越性，說起美國近年也有對中醫的肯定，我記得他說，美國人肯定不肯定，不是我們決定中醫價值的依憑，他那怡然的自信，讓我擊節稱賞。

我在生醫領域多年，深知我們社會對於科學的一種制式思維，才健的科學反思努力，雖說天遙路遠，但我很有信心，也祝福他。

（作者為中央研究院生命科學院士）

自序

眼看他起朱樓

這一本新書，主要是近四年左右我在《經典雜誌》的專欄選輯。《經典雜誌》的專欄由二〇〇〇年開始，每月一篇的這個專欄名稱是「科學手記」，二〇一〇年「科學手記」得到金鼎獎最佳專欄寫作獎，《經典雜誌》特別替我出了一本集結四十多篇專欄的小書，我把那本小書取名為《科學夢醒》，還寫了〈科學如何夢醒〉做為序言，談論我對科學看法的反省與轉變，現在又過了十年，再出版這個專欄輯，可說是夢醒之後更走向了覺悟。

我的科學覺迷之路，在《科學夢醒》〈科學如何夢醒〉序言中提到，源於我對近代科學觀察評述的工作機緣。四十多年來，我有許多對於近代科學第一手的親身觀察和體悟經驗，這些經驗之中，三十六年前一九八五年的經歷，可說是最具代表意義的一個起步。那年我得到《中國時報》支持，進行一次為期五十天的環球科學採訪之旅，拜訪多位頂尖中外科學家，訪視多國的重要科學實驗室，其後多年，我還有多次類似的科學探訪之旅；與頂尖的科學家來往交流，和科學決策人士對話詰辯，深入許多科學計畫的細部進展，親歷科學知識的進展真相，領會科學知識與決策的形塑過程，這些經歷，讓我在十一年前那篇〈科學如何夢醒〉的序言中寫道：

「我自己對於近代科學觀察評述，工作了三十多年，起初也是處身在我人文化氛圍之中，對於科學當然是一種制式看法，簡單一句話說，就是全面認同科學的所謂『理性、客觀』價值。」

「然而三十多年第一手親歷進展的見聞，漸漸使我對科學這個人類近代歷史中的強勢文化，有了全然不同的評價與思維。」

在這許多經歷當中，有兩個事例特別值得一提，一個是一九八八年起的十二年間，我先後去過四次在義大利西西里島上的一個科學中心。這個「埃托雷・馬約拉納科學文化中心」的名稱，來自一位天才物理學家。埃托雷・馬約拉納（Ettore Majorana）是義大利科學上的一個傳奇，一九三〇年代他就提出了一個非常有新意的微中子理論，公認為二十世紀偉大物理學家的費米（Enrico Fermi）曾經說過，馬約拉納是和伽利略（Galileo Galilei）、牛頓（Isaac Newton）同等的天才型科學家。馬約拉納二十六歲那年，卻獨自駕船出海，神祕失蹤，迄今行蹤成謎，有人說他自殺了，有人說他出家做了僧侶，另外有說他自我放逐在南美某地。

一九八八年我會去「埃托雷・馬約拉納科學文化中心」，與華裔諾貝爾獎得主丁肇中有關。那時我同丁肇中已很熟悉，經他引介安排，首次到了西西里島西北角山頂小鎮艾瑞契（Erice）的那個科學中心。丁肇中會介紹我去那個科學中心，是因為他同創建那個中心的義大利物理學家柴奇奇（Antonino Zichichi）很熟，兩人同在高能物理領域，也都在瑞士日內瓦的歐洲粒子物理中心工作。

柴奇奇是標準的義大利南方西西里人，皮膚黝黑、身材不高，一九八八年見到柴奇奇，他年近六十，頂著一頭後梳的白長髮，精力充沛，走路迅捷，說起話來宛如連珠砲，還不時夾著「媽媽咪呀」的義大利口頭禪，當時他是天主教教宗若望保祿二世的科學顧問，有人戲稱他是「介於上帝與教宗之間的人物」，因為經常上電視談論科學，據說是義大利最家喻戶曉的科學家。

在艾瑞契我曾經聽說一個有趣的故事。一般來說，西西里的治安不是最好，出身西西里島的柴奇奇深知此事，一再告誡來開會的科學家，最好不要到山下小鎮查帕尼去。幾位科學家不聽告誡下山到查帕尼閒逛，果然遇劫，丟了錢包，回來向柴奇奇訴苦。柴奇奇立時拿起電話，打給已經做了黑手黨大哥的舊友，要他們給個交代。第二天一早一輛車開上山頂的科學中心，幾個人走進來在一張大桌子上放下許多錢包和財物說，「這些是昨天我們劫掠的全部東西，請你們看看，是你們的可以拿回去，不是你們的，如果喜歡也可以拿去。」據說從此再沒有科學家被搶。

馬約拉納是柴奇奇心目中的科學英雄，因此他募款買下家鄉西西里島山頂上一個修道院，改建成一個以馬約拉納為名的科學文化中心，除了經年舉辦科學研討會，交流科學各領域的最前端發展，每年暑期也在科學文化中心舉辦與科學密切相關政治社會議題的會議，邀請科學家與媒體人士與會，一九八八年我首次去參加的，正是當時每年舉辦的「國際核戰會議」。

上世紀冷戰年代，核武戰爭的毀滅是人類最大威脅，柴奇奇曾經與英國名理論物理學家狄拉克（Paul Dirac）、俄國著名實驗物理學家卡匹薩（Pyotr Kapitsa）共同簽署發起〈艾瑞契宣言〉（The Erice Statement），呼籲全球政府與科學家努力促成裁減核武，追求世界和平，宣言後來也得到鄧小平科學顧問的大物理學家王淦昌，戈巴契夫科學顧問、俄國科學院副院長韋利霍夫（Evgeny Velikhov）以及數千科學家的簽署支持。

一九九一年我第二次到「埃托雷・馬約拉納科學文化中心」，那時冷戰因蘇聯解體已經結束，每年暑期的會議除了核武戰爭，還增加地球緊迫問題的探討，那年討論的議題有愛滋病、能源、氣候等問題。一九九四年第三次去參加一個討論粒子物理歷史的會議，與會的除有我們熟悉的吳健雄、袁家騮、李政道、丁肇中、朱經武等，還有其他多位頂尖物理學家，是一個科學盛會，最後一次是二〇〇〇年參加丁肇中的阿爾法磁譜儀（Alpha Magnetic Spectrometer, AMS）實驗計畫會議。

一九八八年頭一次到西西里島山頂小鎮的那個科學中心，看到中心的名稱把科學與文化放在一起，令我印象特別的深刻，因為那打破了過去我們認為科學與文化的涇渭之分。科學文化中心所在地，原本是一個天主教修道院，中心舉辦研討會的大會堂，由舊的大教堂改裝而成，教堂二樓背面有打掉一面牆的休息室，會休時間面對著艾瑞契小鎮的層層屋宇，遠眺一波如鏡的地中海，感觸十分深刻。

記得多次在那個山頂小鎮，看到那些因歲月磨得發亮的石板路面，那些似乎百年未變的石材屋宇，好幾次的八月夜幕初垂時刻，看到一輪黃澄澄的月亮，由小鎮廣場石牆屋瓦背後升起，霎時有種如置身數百年前義大利科學初啟時空的感覺，讓我頓時覺悟到，那整個科學的宇宙文化思維，與義大利文藝復興以降，基督宗教氛圍、文化背景和歷史時空是如何的息息相關。這就好像在北京才唱出了京劇，在台灣才唱出歌仔戲是一樣的。

另外一個經驗是一九九三年我與丁肇中實驗團隊的北京之行。那次到北京是初冬時節，因為當時北京的許多住戶還燒煤取暖，空氣中一種霧般的煙塵和一股淡淡煤煙味，更增添了北京古都的滄桑與深沉。

行程中的一天，當時中國科委主任（科學部長）宋健請我們在人民大會堂上海廳吃飯，喝了溫熱的上好紹興酒，酒酣耳熱之際，坐在我右手邊的一位義大利科學家微醺的對我說，「現在我知道馬可波羅是看到了如何的一個中國。」

「我了解他的意思，因為那個古老的城宮，煙塵裊裊的氛圍中，是一個謎一樣的古文明，走過幾千年，依然蒼勁有力，怎麼不使一個義大利人悠然神往。」

這些經驗使我有了深刻的覺悟，認識到以往我們一直以為的所謂「客觀」科學，是多麼受到創生科學的科學家以及其所承傳文化的影響，其實有著相當的主觀性，而我們有時自認不如人的傳統文化，內裡充滿著歷久彌新的深遠價值。

因著這些覺思醒悟，一九九六年在中研院的科學史研討會上，我發表了〈科學之後？超越近代科學的再創造〉的論文，可說是公開探討此一問題的起步，雖然看法很前衛，時機也不成熟，但是我知道其中確實有些新意。兩年後我將學術體例的論文，改為較通俗的形式，以〈迎接一個後科學時代的宇宙新思維〉為題，在那一年《聯合報》副刊的「五四運動」專輯刊出。再過兩年，我開始《經典雜誌》的「科學手記」專欄，一連四期開篇之作的總題，就是「回顧四百年風光 看科學前景如何」，反映的正是我一直以來對科學的一種反省與評價。

在後續的專欄中，我也常常用自己在人類科學文化發展許多真實場景的親身體驗，述說自己如何由我們因發展近代科學滯後，又因輕忽藐視而挫折受辱所承襲的歷史文化包袱中，走出一個對於科學重新定位的醒悟歷程。

十一年前的〈科學如何夢醒〉序言中我寫道，

「在我的這些經驗裡，有許多來自與世界頂尖科學文化締造者的來往對話。由他們的言談行止中，我看到科學這個文化創造和思維的孕生歷程，感受到整個過程充滿著的人性特質，我領悟到科學並不是宇宙教本裡寫下的標準答案，不是天籟啟蒙的行當，而是紅塵俗世的摸索。」

「除了對科學中這些真實人性特質的體認，給我更大的衝擊和省悟的，是文化背景對科學創生的影響，也就是說，近代科學如何面對宇宙生命現象，如何構思假想，如何形塑因果，如何建立驗證關係，在根底內裡，無一不受到一個深層文化的影響。這些經驗，都使我身處許多不同的科學場景中，靈光乍現，得如禪宗頓悟般的覺醒。」

現在這本書中收錄的專欄，分為「傳統文明智慧與科學」、「科學價值知多少」、「科學家和他們的榮耀」、「面對疾病醫療的科學反思」、「新世紀中的科學啟蒙」五大部分，這些專欄按議題分類，排列先後與當初發表時序並不相同，反映的是我對於近代科學作反思，對於傳統文化再評價的思言心跡，另有兩篇分別是「五四運動」九十週年和一百週年於《聯合報》副刊發表的專文，也收入附錄中。

這些多年間先後寫成的專欄，有時難免會再談相同議題，天下文化的編輯吳育燐以他多年經驗、很好的文字素養，將我前後篇中的一些文字，作了些編輯整合，書中一些文章因而有較長的篇幅，卻顯現出更為統一的風格，要特別謝謝他。

在此再引用十一年前〈科學如何夢醒〉最後的兩段文字：

「這些經驗，補足了科學創生中最真實鮮活的面向，使我由過去那些沒有底蘊的科學知識中，看到內裡豐沛的人性因素，使科學由平面的註記，變成立體的鏤刻。」

「我只希望這一篇篇的短文，能如一級級的階梯，引領我們在自己的傳統裡，找到文化自主根源的創造力，來補足長久以來面對宇宙和生命挑戰，我們一直缺席的自發性文化思維。」

這本專欄輯原來想用的書名是《眼看他起朱樓》，現在改成了《一生必修的科學思辨課》，不過還是用為序言的篇名。「眼看他起朱樓」出自清初孔尚任《桃花扇》劇中的名句「眼看他起朱樓，眼看他宴賓客，眼看他樓塌了」，近代科學的「起朱樓，宴賓客」有目共睹，科學會不會「樓塌了」？且待觀之！

一、傳統文明智慧與科學

近代科學之所以成為人類宇宙認知主流思維，最重要的道理，是近代科學將自然宇宙現象絕對客體化，再經由一種人為設定的實驗作為，建立起對於自然宇宙現象的認知與解釋。這種絕對客體化的客觀推理，以及人為設定實驗環境的控制因果，造成近代科學的自然宇宙解釋，具有一種可以控制的重複再現性，使得其知識具有強大的實徵致用性，因而廣於應用，大行於世。

近代科學的強大致用性，給人類文明面貌帶來巨大的改變，加強了人類控制宇宙能力的優越表象。對比之下，人類長遠歷史中一些古文明中的宇宙自然思維，似有相形見絀之感。近代科學與傳統宇宙的自然認知思維，其實都是人類對於自然環境的認知瞭解，都有客觀觀察，都有推理思考，也都有量化描述，其中最大的差異是，近代科學採行實驗檢證，具有立竿見影的效果，但是「長短相生，成敗互倚」；近代科學之長，也決定了其關照視野的局限。

過往傳統文明雖然不似近代科學的精準控制，沒有立竿見影之效，但是就長遠來看，比起近代科學反而有著高瞻遠矚的優勢，也就是說明了，近代科學固有其所長，卻也並不是所謂絕對的進步之學。

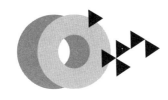

風生水土的常民智慧

人類生存於宇宙天地之間，不免與萬古同枯，人類的智力思維，卻讓我們這種動物由芸芸眾物中脫出，創生出所謂的文明，這種與宇宙萬物差別之心，由遠古的自然宇宙哲思，到後來的工藝器物革新，乃至更晚時的近代科學，讓人類克服體能上的極端弱勢，凌駕萬物之上，成為自居的萬物之靈。

萬物之靈的人類顧盼自雄，不免對自身的生命意義做出詮釋，造成宗教的源頭。人類文化許多不同宗教哲思，反映出這些文化對自然宇宙萬物的一種態度，決定著這些文明的發展和興衰。

世界的主要宗教，對於生命存續的定位各有不同，也衍生出不同的應對思維，反映在造就文明的工藝技術或是科學思維之中。居於當前人類自然哲思主流地位的近代科學，衍生自基督教文明，其宇宙主宰神祇創生人類，並以天生萬物涵育人類之思維，與近代科學的主客二元哲思，面對萬物客體的實徵致用，可說是牽連糾葛，一體相承的。

人類各文明的居處住房，當然與其自然觀、工藝技術的運用息息相關。中國有個很成功的講壇「一席」，取意「聽君一席話」，非常類似「ＴＥＤ」講壇。二〇一八年北京建築大學教授穆均在「一席」講的〈土生土長〉，談過去十多年「生土建築」的研究實踐經驗，展現出風生水土的常民智慧。

人類歷史中用原生土造房子由來已久。五千多年前中華仰韶文化就有，湖北屈家嶺土坯房，公元前二世紀吐魯番交河故城都是，中國最具代表的萬里長城多也是夯土建築。另外一萬一千多年前巴勒斯坦耶利哥城有土坯房遺跡，今天摩洛哥還能看到土造建築古鎮，西班牙的土造古堡，德、法兩國也有許多土造古城堡和民宅。

根據聯合國教科文組織的統計，二十一世紀初全世界至少還有三分之一人口，住在不同形式土房子裡。二〇一〇年前後，中國住房和城鄉建設部進行農宅現況普查，估計至少有六千萬人口，居住在不同的土房子中，其中有華南地區的土樓，黃土高原的窯洞和生土合院，西南麗江的土坯與土掌房，青康藏高原閃片房及碉樓，新疆的喀什古土城。

二〇〇四年穆均由西安建築科技大學碩士畢業，申請到香港中文大學讀博士，他想起碩士學習期間，老師帶他在黃土高原看了大批土房子，說這些土房子有冬暖夏涼、生態環保的優點，但是農村居民卻總在那說，將來有錢了，就要拆掉土房子，蓋成新的磚瓦房，穆均心有感慨，就此投入土建築的研究與實踐之路。

穆均的研究之路，始自在甘肅慶陽縣毛寺村蓋一個小學的慈善計畫，他研究後發現土建築許多方面的優越性，著實大吃一驚。在攝氏三十度高溫氣候，土房子的溫度調適性能讓內部保持在二十五、六度，冬天室外攝氏零下十幾度，現代磚瓦水泥建築裡的溫度差不多冷，土房子卻能維持攝氏五度左右。華南地區有時溼度達到百分之百，一般混凝土房子，牆壁上都是水，一次他們做實驗把溼度提高到百分之八十，土房子牆壁卻還是乾的，因為土房子吸水性是混凝土建築的五十倍，而吸水後土構強度只會下降百分之六。

傳統原土材料並非沒有缺點，它的材料力學性能還不完美，耐水性也還應加強。汶川大地震後，一般看到倒塌的多是土造屋，因此質疑生土建築的材料力學不夠強，也認定土建築是落後的。穆均說經過他們研究，發現倒塌的土建築多是近幾十年的新建土房，五十年以前蓋的土屋，倒塌的不多，新建土屋之所以倒塌較多，主要因為農民造這些新建土屋，喜歡把房子蓋得更高更氣派，沒有抗震考慮，怎能不倒。

他們在毛寺村完成生態小學土建築校舍，因為觀念與設計新穎，一平方公尺造價只需六百元人民幣，因此在國內、國外獲得許多建築大獎。汶川大地震之後，穆均再參與四川一個嚴重災損村落重建，他們認知到土建築應力不足問題，夯土中加入竹條增加抗震拉力，所用的生土與竹材由於多可就地取材，解決由外地運入建材所需的資金問題，當地又有充足人力，幾個月就完成村莊重建，每平方公尺造價只需一百五十元人民幣，是村民負擔得起的。

後來穆均到奧地利參加一個生土建造工作營，瞭解四十年前歐洲興起的綠建築風潮，有些建築師也研究土建築。歐洲一些實驗觀念土建築建造，利用了氣動夯錘的現代工具，也用預鑄方式夯土，再運至現地組合，相對於歐洲，由於中國特別有抗震需求，因此發展出交接結構整體夯築模板，這樣建成的土建築，經震動台試驗，可以承受高達規模八點五的地震。

十多年的土建築實踐經驗，他們蓋了近兩百座房子，一些鄉民覺得房子挺好，看著結實，住著舒服又便宜，可還是個土的，因此他們前腳剛走，鄉民就給房子貼上瓷磚，刷上白漆，生怕別人知道是個土製屋。有回他們給一鄉村蓋了新式的村民活動中心，落成前，村裡幾個大媽坐在前面台階曬太陽，她們對建築的研究生說，房子蓋得很漂亮，什麼時候來貼瓷磚？

中國大陸現在有許多新建成的土建築，已動工的洛陽二里頭遺址國家博物館，將會是世界最大的生土建築。在穆均的土建築實踐經驗中，曾經要替一小村修渡河小橋，他們找上國外結構大師，結果設計的橋不但費用高，也未必能承受年年發生的大水。

結構大師後來建議他們，應該學習多年一直以簡易獨木橋應對洪水的常民智慧，他們於是設計輕便的堅實橋面，每年等大水過後，只要將跌沉河中的橋面放回橋墩就好。

木建築的優勢

自二〇〇〇年左右，在加拿大等幾個國家，開始建造一些高樓層的木造建築，這些建築反映了近代建築技術的進展，也反映出人類面對宇宙環境的思維改變，支持木建築的這些「思維先行者」，一方面強調木建築在建築結構上的優勢，同時搭上近年流行成風的全球暖化現象，大力宣揚木建築在抑制碳排放方面的貢獻。

目前世界上一些比較著名的高樓層木建築，除了二〇一四年在加拿大喬治王子市，高三十公尺的八層木建築，還有二〇一五年挪威蓋的五十二點八公尺高層木樓，二〇一六年加拿大英屬哥倫比亞大學蓋了五十三公尺高的木造學生宿舍，二〇一九年奧地利在維也納建成高達八十四公尺，包括飯店、公寓以及辦公室的木造高樓，美國則是二〇一六年在明尼阿波里市開始，陸續還要在波特蘭以及紐約市建造木質高樓。

木質高樓並不是近代產物，到目前為止，世界上最古老的木造建築是山西應縣木塔，這個木塔始建於遼代，有一千年歷史，六十七公尺的高度也還是目前最高的古木造建築。這個稱為「佛宮寺釋迦塔」的木塔，在山西北部靠近北嶽恆山的應縣，一九九二年頭一次去中國大陸，有機會到山西參遊，曾經登臨應縣木塔，當時站在塔上，見四野低矮房舍，遠眺沃野平沙的北國景色，至今記憶猶深。

其實中國的木建築素有傳統，那回在山西的五台山，也看到更早建於唐代的佛光寺，佛光寺是目前保存最完整也最大的木造建築，這種木建築的建造技術，歷代累積，到北宋由李誡彙編成《營造法式》一書，成為木建築工藝智慧集大成的經典著作。《營造法式》總結了木造建築工藝的實作經驗，雖說對木造結構的施作提出規範，卻依然保留極大的隨意性。

在《營造法式》中討論的木造建築工藝，對於檐梁斗拱，頂柱結構的施作，都有其規範，特別的是利用木質材料的特質。木結構的結合，不用外加釘粘，是以榫卯接合，保持木質材料的彈性特質，充分利用自然巧力，也使木建築具有對抗如地震外力的彈性，展現中國木建築的豐富創造力，以及其背後的一種宇宙思維傳統。

近代的木造高層建築，雖說材料是採用了木材，但是其技術則是沿襲著近代建築科技的思維。工程師主要以特殊膠合方式開發出強應力的層板，這些交叉層壓板應力強，重量輕，可以準確切割，用於建造木建築的不同結構，以技術理論來說，這些木結構建造建築可以達到的高度，應該沒有局限。

木建築本來的一個弱點，是容易燃燒，歷史上也曾經在倫敦、紐約等城市發生大火，現代的木材質建築，比起不可燃材質的建築，遭火焚的損害容易預見，而且木質外層炭化後能保護內層免於祝融，不會有鋼材熔化和混凝土脆化問題，更能夠保持結構完整。

木質建築近年受到重視的一個原因，與全球暖化的碳排放問題有關。木材本來可以蓄存碳，如用於燃燒，其中所蓄存的碳就回到大氣之中，木材如用於建築，碳就一直蓄積其中。目前人類使用的木材，只占森林增長的百分之二十，推廣木建築並不會造成大的問題，而且生產鋼材與混凝土所造成的大量碳排放，更不利於控制暖化問題，會呼吸的木建築，正是目前當令的綠建築，冷卻與加熱需要的能量，比起混凝土鋼材建築都更為節省。

推動木造建築目前主要是在美國與歐洲，美國的鄉間住宅百分之八十已是木造，開採木材大約是每年森林增長的三分之一，歐洲多數建築使用的還是鋼材與混凝土，根據一份芬蘭政府的報告，歐洲利用木材於建築到二〇一〇年只增加了百分之四，還有不少增長空間。

在這些技術性的問題背後，其實有一個更為根本的自然思維問題。中國長久以來的木建築傳統，孕生自文化傳統對於宇宙的思維，那就是「厚生利用」，建築房舍木材的供取講究平衡，所謂「斧斤以時入山林」，對於木材的使用，也是因勢採擷，在木造結構中也充分利用各種木質材料，所謂的榫卯接合正是出於此一思維。

這樣的宇宙自然思維，其實與西方科學思維大為不同。近代科學講究的，是究簡近因果以達立竿見影之效，由物質宇宙的觀察入手，到理論模型的建構，莫不如此，在建築技術方面，也是以加大建材抗應力安全係數方式，完成建築物的建構，其結果是建築物完成快速，卻沒有講究所謂的結構最佳化。

我們可以看二十世紀大蓋的河川水壩，那正是近代鋼材混凝土建構技術的產物，這些大量構築的水壩，確實很快發揮蓄水防洪以及發電的多重效果，但是卻也很快出現負面後果，譬如河流生態的巨變，而蓄集水庫的淤積情況，甚至危及水壩安全到不得不拆除的地步。光以美國為例，在全國的大約八萬五千座水壩中，半數已不能發揮原來的預期功效，自二十一世紀以降，拆除的水壩已經超過一千一百多座。

我們可以舉一個不同的例子，那就是在四川成都平原的都江堰，這個攔截利用岷江河水的水利設施，並沒有採行強力的攔蓄，而是因勢利導的順應自然之力，達到分洪和灌溉目的，雖說近代都江堰也增加了小的水壩，但整體上依然維持原本順水利導的思維。這個戰國時代由李冰父子修築的水利設施，竟能歷兩千年持續發揮功效。

如何由《營造法式》和都江堰的自然思維，看到傳統文化的木建築智慧，超越當前木建築新趨勢所依循簡近因果、立竿見影的近代工程科學思維模式，是很值得我們思考的。

約旦水的故事

一九九一年我曾經在約旦待了近一個月時間，肇因是美國發動的頭一次波斯灣戰爭。那時我為寫吳健雄傳才由美國停留一年回台不久，奉派去了中東報導那場戰爭。那是一場所謂的科技戰爭，是美國以先進軍事科技，對付軍事科技落後的伊拉克，表面上當然是因為要解決伊拉克入侵科威特，背後更大的道理則是擴大美國在中東的政治影響力，以及石油利益。

我們對於中東的認識一直是很表面的。那個時候還是冷戰方去的前幾年，做為美國保護國多年，我們常年接受的都是西方媒體觀點，對於中東多少存有一個落後或封閉的印象，其實在現今伊拉克所在的兩河流域，五千年前便有相當璀璨的文明，那是一個流著牛奶與蜂蜜的豐腴月灣，我去了之後，感受深刻，寫了許多專文，也許台灣社會對於中東的真實面貌，有因此增多一些瞭解。

在中東地區，約旦所在的是一塊比較貧瘠的土地，地下沒有石油不說，土地也不算肥沃，我看到約旦布滿石礫的脊土上，貝都因人（Bedouin）似乎千年一樣的放牧群羊。因為資源不多，不是西方強權覬覦的一塊肥肉，反使約旦成為中東地區社會最開放、政治最清明的國家，當時的國王胡笙（Hussein of Jordan），是舉世知名的英明君主，一九五九年還到台灣來訪問過。

約旦不但沒有石油，也缺水，標準是一個沒有油水之地。相對於海灣產油國家以及伊拉克和沙烏地阿拉伯，約旦是比較貧窮的，但是他們卻慷慨收容了上百萬的巴勒斯坦難民。我在安曼的巴勒斯坦難民營，訪問了幾個巴勒斯坦難民，年老難民對於受到英國人欺騙的憤慨，年幼小女孩難民無畏卻難掩茫然的神情，至今難忘。

約旦的困難還有一個，就是那是世界最乾旱的地方之一。約旦人常年抽取地下水，水井愈挖愈深，卻也日漸乾涸，而且寶貴的地下水遭到汙染，老舊輸水管又漏失嚴重。雪上加霜的是，因為美國所謂的「民主之春」造成戰爭動盪，引發大量難民潮，二〇〇六年約旦的難民是五百九十萬，到二〇一六年增加為九百五十萬，在二〇一七年約旦平均一年每人的可用水量不到一百五十立方公尺，只有美國人的六分之一。

意識到約旦的缺水情況，近代的水資源工程專家，已經在當地試圖解決問題。其實約旦面對水的問題，有漫長的歷史，早在公元九〇年，約旦首都安曼東北方五十公里的烏阿吉瑪，就建造了地下運河，輸送雨水與北方敘利亞山上的融雪水，到儲水的地下玄武岩貯水池，這個輸送與貯水系統歷經羅馬、拜占庭以及伊斯蘭帝國，使用了八百年之久，一直到公元九〇〇年烏阿吉瑪廢城而止。

離北境敘利亞不到十公里的烏阿吉瑪，現在用水都來自一九九〇年代開挖的深水井，但是居民對於水質多不滿意，因為這些深井井水聞起來和嚐起來都有鹹味。烏阿吉瑪古老的水利系統，因近年考古發掘出土重現原貌，考古學家以及工程專家，復舊了一個長方形的古代貯水池，有四個標準游泳池大小，二〇一五年年底輸送系統再度運作，引水流入貯水池。

不同於現代的深水井，這些古老的水利系統，可說是充分利用了地表的水，這些水源可以用於農業灌溉，當地已在試驗比現用滴灌技術更節省能量的一種低壓滴灌技術，來灌溉橄欖、柑橘和石榴農產，這些地表水源如果不加利用，大多都蒸發了。

當然由於人口增殖很快，古老的水利系統並不能滿足大量人口所需，不過如果能恢復那些古老的輸送與貯水系統，其所提供的水量，可滿足烏阿吉瑪古跡附近四千居民用水的十分之一。

除了烏阿吉瑪古跡，約旦還有一個十分出名的古跡佩特拉，這個離開安曼南方兩百多公里的古城遺址，因好萊塢電影《法櫃奇兵》以舊城遺址為影片背景而舉世知名，在那裡同樣也有古老的引水灌溉系統，約旦一直是那個地區最穩定的國家，因此專家持續進行這些古老引水貯水系統復舊的考古工程計畫，也在其中領略出古老技術的智慧。

一點不錯，近代科學技術是力猛速效的思維，講究的是立竿見影的實徵致用，卻忽略了自然平衡的長遠好處，約旦引水貯水系統正是一個很好的例子。目前在約旦進行水源計畫的專家，已經意識到現代科技思維的盲點，譬如過去的挖掘深井引水，造成了水資源品質與環境影響問題，同時忽略了原本地表水源的有效利用，德國的技術專家也認識到，如果當地水資源計畫獲得良好成效，能減少敘利亞難民的外移，德國難民的壓力同樣也會得到紓解。

一九九一年頭一回波灣戰爭結束後半年，九月裡因為去瑞士日內瓦訪科學家丁肇中，又「順道」奉派再到約旦以及伊拉克。記得臨去中東前一日，丁肇中的祕書同我吃飯，憂心忡忡於我的中東之行，因為在多數歐洲人印象當中，那是一個落後的不文明之地，我記得很清楚，當時我告訴她說，那個地區在五千年前，已經有璀璨的文明，而五千年前的歐洲，卻是一片蠻荒。今天歐美世界以科技傲然於世，面對中東的態度，正像是一個血氣方剛的青年，欺凌著一個老年人。

當今這個世界是新科技計畫迸發，商業需求推波助瀾的時代，人類失神於炫目短視的速效成果，同時應該重新省視古老文明中的深遠智慧；由兩千年前都江堰因勢利導的水利設計，到能源利用、氣候應對以及複雜系統性疾病的處理，漸漸都看到近代科技急功近利的短多長空，以及古老文明順勢利導的深長智慧。

老子說，「天地不仁，以萬物為芻狗。」誠哉斯言！

李時珍和《本草綱目》

二〇一八年六月《旅讀中國》以「李時珍誕生五百年」做了封面故事，讓我們再認識五百年前中華文化傳承中的一個思想代表人物。李時珍的著作《本草綱目》對於宇宙自然的思維，彰顯出中華文化中源遠流長之原創內涵與天人境界，如今在人類文明中也日益展現出深遠的價值。

一五一八年出生在明代中後期的李時珍，雖然十四歲就考上秀才，後來考科卻一再失利，到二十三歲時只有棄儒從醫，當時習儒學考科舉取得功名，是儒生的人生正途，李時珍在這方面的生涯挫敗，未料卻使他走出另一個恢宏博大的醫學自然著述之道，可說是造化弄人，結果卻始料未及。

當然李時珍的秉賦是關鍵因素。他雖說有父親李言聞是名醫的行醫世家傳承，但主要自己好學深思，曾閉門十年潛讀多方典籍，學思之中，亦有整補醫藥知識系統紊亂不足之缺，立下撰寫《本草綱目》之志。李時珍研習醫典同時懸壺，他很快嶄露頭角，獲拔擢尊崇之位，但是他的醫術視野，不願意與當時煉丹方士之風潮合流，於是放棄北京太醫院的高位，回到湖北蘄州家鄉，在雨湖畔築廬而居，後半生皓首窮經成為著述典籍的「瀕湖山人」。

明代後期雖有史所詬病的政治紛爭亂局，但是明初第三個皇帝明成祖永樂年間，已動員超過兩千學者編纂四千卷巨著的《永樂大典》，而到了李時珍的明正德到萬曆年間，民間出版更發展出成熟商業文化。李時珍歷近三十年時間寫成的《本草綱目》，由於洋洋五十二卷巨冊，內文達一百九十萬字，出版自是大費周折，當時製作成本，相當一個中產八口之家十年的生活費，見出明代中國社會財富之一斑。

明萬曆二十四年的一五九六年，《本草綱目》終於經神宗御覽後命將之刊行天下，其後十年《本草綱目》初版銷售一空，官民各種版本翻刻無數，並流傳東亞文化圈，獲王族奉為座旁經典，如日本學者林羅山在與中國貿易的商港長崎買到《本草綱目》，將之獻給江戶幕府執政者德川家康，德川將這套四十四冊的《本草綱目》留為「神君御前本」，即為一例。其後百年內，又有多種版本的《本草綱目》流入日本，影響日本江戶時代的新本草學派。

十八世紀透過學者或傳教士翻譯，歷代不同版本《本草綱目》開始流入歐洲，視之為中國藥用博物學，《本草綱目》呼應當時歐洲興起的中國熱，由法文版翻譯成英文版和德文版，風行一時。十九世紀中葉歐洲成為對外殖民擴張強權，達爾文著作中隱含的「最適者強」概念，讓《物種源始》（*On the Origin of Species*）等著作大為風行，達爾文曾說他的物種研究，許多是參考自《本草綱目》的資訊。二十世紀英國研究與著述《中國之科學與文明》（*Science and Civilization in China*）的大家李約瑟（Joseph Needham），稱讚李時珍是中國博物學中的無冕之王，在人類文明中的貢獻與義大利天文學家伽利略比肩。

《本草綱目》出自李時珍博覽子史經傳、聲韻農圃、醫卜星相、樂府諸家以及典籍民俗知識，加以實地採集探訪經驗比對，其中有中醫傳統「藥食同源」的理念，有生生相息的傳統醫藥自然觀，物我一體的宇宙哲學，李時珍以數十年功夫，編纂補實，數易其稿，最後總收藥物一千八百九十二種，一萬一千多藥方。因資料龐巨，李時珍將之分成十六部六十物種，他的分類方法影響深遠，比起瑞典生物分類學鼻祖林奈（Carlvon Linné）開現代分類學之始的《自然系統》（*Systema Naturae*），早了一百多年。

《本草綱目》其中因有些民俗經驗記載，引起一些紛爭或批評，譬如在其中「人部」之中，討論溯及遠古的人藥，也以自己思考轉圜作了增刪，其中如謂以亡者精魂與孝子衣衫的成一味藥，難免受到於迂怪之譏，尤其後世近代科學大興，每以簡近實徵為尚，且我們因面對西方科學之力，挫折之餘，更視科學之外者為怪亂愚恥，拒斥理解世界的另種途徑。李時珍著作中對此留下的結語，「膚學之士，豈可恃一隅之見，而概指古今六合無窮變化之事物為迂怪耶？」可見出他兼容並蓄的秉賦。

在《本草綱目》初成的歐洲文藝復興時期，西方醫學的一個跨步是人體解剖的發展，以文藝復興的精神來說，當時是要復興希臘時代的人體解剖傳統，但是根據寫《世界文明史》（*The Story of Civilization*）的杜蘭（Will Durant）的看法，到十六世紀歐洲最高明的解剖專家和醫生，對於人體醫學的認識，還比不上公元前希臘時代希波克拉底（Hippocrates）等幾位醫學大師。當然後來解剖學在西方醫學中大有進展，也奠定近代醫學以分化局部概念操控整體生命的運作與思維。《本草綱目》及其所根源的傳統中國醫學，在對於生命體系思維方面，與近世西方醫學有其基本不同，近世論者每有言及，謂李時珍貢獻如何得到歐西尊崇，似非如此不足證明他的地位，還是不脫以西學為尚的心態。近代醫學在科學主流的化約思維，分化局部的檢證實作方面，固然傾力施為，但面對當前如癌症之系統功能性生命體系挑戰，卻日益顯現本質上的錯置與困境，引起近代醫學的思辨反省。

自李時珍以來的五百年，正是歐西以科學之力擴張崛起的所謂「漫長的十六世紀」，湯恩比（Arnold Joseph Toynbee）和布勞岱爾（Fernand Braudel）等多位西方思想大家都已體認，西學世紀面對的是一個時移勢異的前境。與李時珍論交的明代大儒王世貞給《本草綱目》作序評價，「茲豈僅以醫書觀哉，實性理之精微，格物之通典，帝王之祕錄，臣民之重寶也。」可謂甚是。

李約瑟的問題何在

關心中國科學史的人大多知道，有一個所謂的「李約瑟問題」。李約瑟問題的來由，出自一位英國研究生物胚胎學的科學家李約瑟，李約瑟問題的內容就是，為什麼十五世紀以前，將自然知識應用於人類需求的工藝技術遠遠領先歐洲的中國，後來沒有發展出近代科學。

李約瑟可算是出身於英國的一個書香門第，曾在英國劍橋大學研習化學胚胎學，得博士學位，因胚胎學研究著有成績，獲選為英國皇家學會院士。一九四二年他承英國皇家學會之命，到抗日期間中國陪都重慶，出任中英科學合作館館長，正式開始對中國科學技術史的研究，自此皓首窮經，終生不輟，自己撰寫也同一些中國學者合作而成的皇皇巨冊《中國之科學與文明》，奠定他在中國科技史上的大家地位。

李約瑟的工作受到普世肯定前，西方一般知識界的看法，總認為中國古文明與埃及、印度等古文明一樣，早已煙消雲散，未料僅在距今五百年的西方大航海擴張前，中國的科技文明依然傲視寰宇。譬如十五世紀之初鄭和揚帆遠航的寶船，其造船規模與技術，都是近一個世紀後哥倫布等歐洲探險家的船隻難望項背的，派遣鄭和遠航的明成祖，曾召集兩千多位學者編纂出四千卷的百科全書《永樂大典》，當時歐洲還處於十五世紀的文藝復興前夜，因沒有印刷術，在英王亨利五世的圖書室裡只有六本手抄本圖書，主要是宗教著作。

李約瑟之所以投入中國的科學文明研究，起因於他在劍橋大學碰到幾位中國來的學者，讓他認識到中國歷史悠久的科學發明和醫藥學，後來到中國幾年的工作經歷，接觸人物與親歷地方的訪察，更讓他眼界大開，因而堅定了往後矢志投入中國科技文明史研究之路，終能成一家之言，在學術上燦然大起。

李約瑟是個特立獨行之人，一九四〇年代他開始研究中國的科學與文明，在當時「西方中心主義」的英國以及歐洲，一直受到諸多質疑排拒，尤其他又是個社會主義左派信徒，一九五〇年代到中國調查二戰時日本進行細菌研究，以及韓戰中美軍使用細菌戰的行為，更讓他遭到政治上的定罪，一直到一九七〇年代，才從美國政府黑名單中除名。

李約瑟最初在南京中央大學畢業的一位歷史學家王鈴幫助下，開始了他《中國之科學與文明》的寫作，原本只預備寫一冊，未料中國的科技文明博大浩繁，愈寫愈多。因此李約瑟除了自撰以外，也得到許多學者的支持以及合撰，在他去世之後還繼續出版，目前有七卷二十七冊之巨，其中的十四冊已有了中文譯本。這些學者除了貢獻很大的王鈴，還有與李約瑟認識長久，也一直形同夫妻的魯桂珍，後來擔任過劍橋李約瑟研究所所長的中研院院士何丙郁、中國漢學歷史學家錢存訓、生化學者黃興宗、著名歷史學家黃仁宇，以及包括知名的科技史學者席文（Nathan Sivin）在內的西方學者。

李約瑟的《中國之科學與文明》，除了論列出中國過去為人熟知的造紙術、印刷術、火藥與指南針四大發明，也考據出鑄鐵冶煉技術、船尾縱舵、水密隔艙、機械鐘錶、拱橋、馬蹬、弩以及將旋轉動力轉為直線動力的傳動技術等，改變了過去認為中國古文明只有農藝與藝術的觀念，重新評價了中國古文明的科技成就。

李約瑟特別引起學界關注的，正是他所提出的李約瑟問題，這個問題不單是李約瑟自有看法，東西方學者也有許多觀點與論辯。綜合來說，一些是與李約瑟持類似看法，認為中國傳統也有科學思想，但是受到歷史與社會因素影響，沒有得到有利的發展機會，另外則認為中國文明中的多為工藝技術，並沒有近代科學的邏輯思維與實驗操作，因此並不存在所謂的「中國古文明的科學」。

二〇一一年，早歲在美國名校習得物理博士，回到香港中文大學後投入科學哲學與文化研究的陳方正，花了甚長時間撰成一本九百頁的巨著《繼承與叛逆》，爬梳西方近代科學自希臘傳統以降的傳承歷史文獻，試圖回答其著作書面的副標題「現代科學為何出現於西方」，事實上正是針對李約瑟問題的一個回覆。

在陳方正的巨著中，他以文獻佐證了近代科學，雖說是萌生於十七世紀的歐洲，但是其所傳承的思想歷史，事實上溯自古希臘早期「軸心時代」的思辨大傳統，後來經過「新普羅米修斯革命」，成就希臘的自然宇宙數理思維體系，再經過伊斯蘭文化帝國的傳譯承續，以及牛頓的數理量化革命，這才有了近代科學。

陳方正著作的一個重要意義，或者是深刻貢獻，乃是以西方思想史的承傳接續，闡明了近代科學承續的這一個大傳統，本來是其文化的專有特質。中國文化傳統並不存在此一個傳統，因此論辯所謂中國有沒有科學，其實是一個虛假的問題，同樣的所謂的李約瑟問題，也就成為了一個偽命題，而《繼承與叛逆》著作的副題「現代科學為何出現於西方」，可說是一語道破其髓。

我十分佩服也非常同意陳方正的看法，也認為他因長期淵源加上經年努力撰就的《繼承與叛逆》，對中國科學史研究有著一槌定音的深遠意義。因此往後對於中國文化與科學的討論，可以不再執著於近代科學給中國文化帶來的意義，而應該有一個新的面向，問問一個沒有近代科學傳統的中國文化，如何面對宇宙思維來走出一條新思路。

二〇一七年因楊振寧的九十五歲誕辰，在北京見到也出席慶會的陳方正，和他稍有討論。他同意我對於他的巨著意指李約瑟問題是個偽命題的解讀，但是對於我所提出的，「是不是沒有可能發展出近代科學的中國文化，就是一種失敗呢？」顯然是有所保留的。

還記得二〇〇四年到劍橋的李約瑟研究所訪問的印象，在多是劍橋大學高牆門樓獨立學院的劍橋鎮，李約瑟研究所小樓大門前樹下，埋葬了李約瑟及他的兩位妻子李大斐與魯桂珍，見證著這個在英國萌芽，後來開枝散葉的中國科技文明研究。

如果問：「沒有發展出近代科學，是不是中國文化的挫敗？」看過去百多年的歷史，答案無疑是肯定的，而且這些挫敗也深深烙印在我們的文化記憶裡。但是如果再問：「沒有發展出近代科學，是不是中國文化的不幸呢？」在當前這個新時代，科學一方面似乎繁花似錦，讓人目不暇給，另一方面卻面對著日益難解的根本問題，無從施力。我想，「合乎科學的也許好，也許不好，不合乎科學的未必不好，也許更好」，應該是我們面對所謂李約瑟問題的新思維。

二、科學價值知多少

對於科學與理性，我們有一些誤認，其中之一乃是把科學與宗教對比，說科學是理性的，宗教是迷信的，這種認知不僅始於歐西科學萌起的十七世紀，風於之後十八世紀的啟蒙時代，當時歐洲社會上有的是近代科學與基督宗教的對峙。對於我們的文化來說，最具代表性的乃是二十世紀初的所謂科學啟蒙，就是要以科學來啟我們思想的蒙昧，說科學破除了迷信，

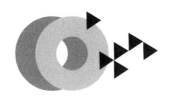

更是主流思維。

在這個部分中特別要說明的是，在當前這個科學風行於世，似乎沛然莫之能禦的大時代中，科學本質上的一些先天局限性，在面對愈來愈繁複深刻的整體性問題時，所顯現出的心餘力絀困境。

毫無疑問，科學是有價值的，但是科學價值不是絕對的。來自科學方法上的長處，一般常說所謂的實驗方法，並不是天啟神授的，而都是由科學家構思，並建立起一些人為的檢驗工具來完成。這當中的局限性來自兩個面向，一個是科學家本身的思想盲點，另一個面向則是科學探究索面對問題的先天局限性，譬如在此部分中討論的一些關於生命現象的科學探究，因為生命現象的因果關聯極端繁複，而探究多因繁複現象，正是科學的短項，不論如何，恐都有力有未逮之先天缺憾。

科學的真實面貌

科學顯現的面貌是什麼？我猜想大概是正面居多的，也許多會認為科學是合理、客觀，帶來進步與好處。事實上，無論由科學進展的歷史，或是由科學在社會世事上造成的影響來看，科學呈現的面貌其實卻是大為不同的。

探究科學發展的歷史，就可以發現，科學這一套知識內容以及系統方法，之所以能超越人類文明中淵源久遠的自然哲學，最最關鍵的道理，是它不只是純粹觀察與描摹自然，還用人為的辦法，去操控與改變自然現象的本質面貌，將原本複雜多因的自然事物關聯，轉變成人為所設定的簡單線性因果。科學思維也就在如此一個人設環境中，建立起它所謂實徵致用的強大功用。

有人說，二十世紀是物理科學的世紀，那當然是因為由二十世紀以降，物理科學對於物質世界的認知，有了極其巨大的革命性進展。

由十九世紀末的原子結構探究，產生了近代西方科學對於物質結構的跳躍認知，有了所謂量子的概念，以及對於原子結構的猜想，到二十世紀的二〇年代，建立起了一套量子力學理論，另外則有偉大的物理學家愛因斯坦革新時空概念與引力場認知的狹義與廣義相對論。

在近代科學所承傳的希臘自然哲學傳統，其中有許多概念影響了後來西方物質科學的發展，譬如追尋物質最小結構的所謂「原子」，就是其一。早期的物質科學發展，其實無所謂分科學門的問題，在兩個世紀前，近代科學中發展甚為迅速的可以說是化學，其發展造出的一些合成物質，給社會帶來很大的改變，造成深遠的影響。

近代說起化學，在歐洲更早是承傳自煉金術，煉金術其實並不是想像中那麼玄奧有如巫術的作為，其中也有一些確切的操作目標，譬如可以將不同種類的金屬物質，提煉出黃金來，也有提煉出讓人服用好達到長生不老的物質，這種思維傳統由希臘到伊斯蘭文明、東方中國的文明都有，是一種相當源遠流長的傳承。

公認為是近代科學啟蒙代表人物的牛頓，他在十七世紀寫下的文獻之中，就有大量討論煉金術的內容。

化學的實利效果，不只在經濟產業方面，在彰顯國家力量的戰爭方面，更扮演著關鍵的角色，十九世紀歐西國家因著科學力量而能殖民擴張，用的就是隨科學技術力量而來的船堅炮利。這就是一個相當明顯的例子，而近代科學在戰爭中展現其巨大影響力量，則以第一次世界大戰最為鮮明可見。

一次大戰中發揮其毀滅力量的武器，有許多出自近代科學，譬如機槍與坦克，皆與熱力和機械的發展直接相關，這些熱兵器的殺傷力量讓人印象深刻，也可以說更進一步的加深了人們追求科學的動機，這動機不只是純粹的好奇求知，更多的是趨功近利。

我們可以舉幾個與一次大戰相關的科學家為例。一戰時普魯士的化學家哈柏（Fritz Haber），現今許多文獻談起他來，都提說他發展出了合成人工化學肥料，對於當今世界糧食農業貢獻很大。

但是一次大戰之時，他發展的化學方法，同樣也讓德國得以發展出高爆炸藥，突破英國的海軍封鎖。一九一五年德軍頭一次在西方戰線，向對陣的英軍釋放芥子毒氣，立時造成上萬英軍傷亡，也是哈柏主導其事。

事實上，這些科學家並非和平愛好者，反倒是愛國主義先鋒，譬如哈柏在實驗室中，就常常穿著他的軍隊制服，和他曾與人決鬥留下的傷疤相得益彰；在英國一方，著名的物理學家布拉格父子（Sir William Henry and William Lawrence Bragg），放下他們的X光研究，轉而利用炮擊的聲波來探索敵軍的位置，許多物理學家和數學家，也都投入火炮彈道計算的研究。

一戰之後，德國與英國科學家針鋒相對，杯葛對方科學家的工作和國際地位，曾經是德國公民的愛因斯坦，也因為一戰後的第三屆索爾維會議（Solvay Conference），拒絕德國科學家與會，而推拒出席整個二十世紀最具有代表性的該場科學會議。

一次大戰是歐西強權因科學之力殖民擴張而起，戰爭中因科學的巨大毀滅力量，曾造成歐洲文化思想上對於科學的拒斥與批判，但是科學中滿足人性急功趨利的本質，促使科學繼續快速發展，二戰中再造成原子彈的毀滅後果。

這才是科學的真實面貌。因此，以後不要再說，「這件事情是如此的合理又客觀，真是好科學啊！」

科學與自然的分道揚鑣

依嚴格的意義上來說，一般常說的「自然科學」，其實是有問題的，因為就人類歷史的發展來看，最早有的是對於自然的觀察、描述與借用，這在諸如中國或希臘等的老文明中都有，一般多說這些知識是所謂的「自然哲學」，而科學則是脫出往昔純粹客觀觀察的自然哲學，走上在人為設計可控環境中的實驗檢證知識，所以科學其實是「不自然」的，當然就無所謂什麼自然科學了。

當然，雖說如此，三百多年前脫出「自然」而以「實證」奠基的近代科學，早期還有其不脫自然的本質，譬如早期的動物和植物學、天文和地理學，大體還是觀察自然以尋求其規律的知識思維，與自然確實是息息相關的。只不過，由於實驗操作方法的日益改進，人類不能滿意於只是借用自然規律之力，而希望取得自然力之中的「捷徑」，也就是利用在人控環境中的「局部自然」之力，達到及時致用的效果。這正是所謂近代科學的潘朵拉盒子，盒子一旦打開，近代科學的優勢地位於焉而就。

現在科學歷史多以牛頓的提出《自然哲學的數學原理》（*Philosophiæ Naturalis Principia Mathematica*，簡稱《原理》），標誌著近代科學的一個起始，也就是我們所說的脫離自然哲學而走向了實證科學，因此牛頓也公認為是近代科學之父。

牛頓確實讓近代科學走入一個全新境界，但是他所提出的一些想法，並沒有立時得到許多的認同，而科學之所以在英國或歐洲逐漸成為顯學，也確實不是因著牛頓的所謂理性思維。科學成功最主要的道理，是在探究自然諸事因果關聯時，用了實證的辦法。現在大家一提起實證，便感到肅然起敬，好像萬物諸事一旦經過實證，就是顛撲不破的真理，所謂實證科學的真理也就應時而生了。

實證是什麼呢？實證不過是在探究萬物諸理時，先從複雜萬端的因果關聯中，找出研究者所認定的關鍵因果，然後再於研究者所設定的實證環境中，譬如說實驗室中的燒杯、試管，培養皿或反應室，來實證檢驗這些因果的是否確有關聯，一旦真的能夠驗實因果關係，便建立起了所謂的實證知識。因此所謂的實證知識，先是有人為主觀的因果認定，再有人為控制環境的檢證，試問其所得之知識，相對於真實的自然現象，又如何能說是客觀真實的呢？

然而這種人控條件下的實證知識，卻讓科學脫出過去純粹對自然現象的客觀觀察描述，走進一個可以人為操作的境界，人類乃借助這些可由人為操作的實證知識，發展出可資利用的應用技術。歐洲的工業革命是一個整體性的描述，其實就是知識技術的產業工具化，科學應勢而起，脫離自然思維，走向人為操控。

除了實證外，科學成功的發展方向，還有一個所謂化約的趨向，簡單來說，化約就是化大為小，馭繁以簡，譬如研究物質便追求探究最小的粒子，探查生命就直追細微的基因。這種化約成不成功呢？就某一個意義上來說是成功的，但是長短相生、成敗互倚，過去科學的成功也埋下了它失敗的肇因。

科學為什麼要走向化約之路呢？簡單來說，就是為了更加有效的操控萬物諸事的因果關係。結果由十九世紀末啟始，物理科學在化約之路上先是解構原子，後來居然分裂了原子，造出原子彈以及核能發展，改變人類歷史與文明面貌，生命科學得到鼓舞，同時拜物理探微技術發展之賜，亦步亦趨也走上以基因單元探究生命現象的化約不歸之路。

科學實證與化約技術發展，在二十世紀下半冷戰歷史主軸中，受到集團國家軍力競爭需求，科學學術制式體系的規範，益發走向趨功近利的極致。以物理科學的物質基本結構探索來說，因為過度化約脫離直觀經驗，不但理論發展走向玄奧虛緲，實證探究也落入統計數據，耗資龐巨不說，亦絲毫談不上實證的社會價值，粒子物理的失敗已不只是少數頂尖物理學家的異議，也成為社會的一種共識。生命科學「基因」化約的走向，雖說依舊帶領潮流，引致商機，但是由研究體制內部到醫藥產業體系，質疑之聲日趨顯著，原因無他，複雜多因的生命機制，如何能以化約因果，得其有價值的整體還原意義？近期由基因治療到幹細胞研究的失敗，已現其端。

回顧科學發展的歷史，其實多的是追求實利的偶然因素，不都是理性的應然結果，但是科學研究者卻有虛枉的信心，認為可以解決宇宙萬物的諸般問題。當前火熱的大數據與人工智能的商風俗熾大風潮，標示著正是向著更不自然世界走去的科學。此時，莊子所說的「天地有大美而不言，四時有明法而不議，萬物有成理而不說」，更顯現出了亙古常新的智慧。

宗教革命與科學理性的誤認

二〇一七年是馬丁・路德（Martin Luther）在德國威騰堡諸聖教堂張貼《九十五條論綱》（*Disputatio pro declaratione virtutis indulgentiarum*），發動宗教革命的五百週年。宗教革命是近世歐西世界的頭等大事，因為那挑戰了歐西基督教文明的核心價值。一般認為，宗教革命與後一世紀由牛頓所引致的科學革命，可說是糾葛依違，有著千絲萬縷的因果關聯。

我們聽到的一種傳誦甚廣說法，就是科學的理性打倒了宗教的迷信，這種說法如不是誤謬其事，至少是過於簡述偏頗了的，尤其是對於身處基督教文化之外的我們來說，這樣絕對二分的看法，確是深入人心，也常藉之以我人的迷信傳統，與迎向理性科學援為對比。

在歐西學術界談論近代的科學革命，也出現了新教革命如何影響科學革命的論述。他們認為，馬丁路德以及稍後喀爾文（John Calvin）所引起的新教發展，與天主教發生的激烈戰爭，延續了一個半世紀，這段時間與科學革命中的諸多重大發展，譬如哥白尼（Nicolaus Copernicus）一五四三年發表《天體運行論》（*De revolutionibus*），丹麥第谷（Tycho Brahe）以及德國克卜勒（Johannes Kepler）的新天文學，義大利天文學家伽利略十七世紀初的天文觀測發現，十七世紀中葉法國科學家帕斯卡（Blaise Pascal）與愛爾蘭科學家波以耳（Robert Boyle）的氣壓與真空實驗，以及牛頓一六八七年發表《原理》，正是相互輝映依違的。

一般認為，二十世紀美國的社會學家默頓（Robert Merton）論列並引出了科學社會學，默頓以一些社會學概念，引申出他對於科學革命的看法，認為早期在美國新英格蘭地區殖民的清教徒信仰，促成了科學思維，正好像造成英國內戰的新宗教，在科學革命中扮演著重要角色一樣。

默頓的看法引起許多辯論，但是許多人依舊主張，新教揚棄天主教的精神性，轉而尋求世界的實際運作思維，與科學革命的追求實證若合符節，默頓的說法其實呼應著德國社會學家韋伯（Max Weber），所謂新教倫理促成了資本主義發展，都是歐陸中心主義的看法。

歐洲宗教革命的思想內戰，確實影響歐洲科學與文化甚巨，不僅造成歐洲國家間長久的戰爭，也將歐洲思想局限在一個宗教神意的氛圍當中，不克自拔。其實歐陸中心思想的一個盲點，是他們大多只看到歐洲殖民擴張的一個面向，因而認定是他們所謂的真神信仰，帶來了理性進步，讓他們有理性的科學力量，也使得他們在強霸侵凌世界之時，還有如美國十九世紀那「昭昭天命」（Manifest Destiny）的使命感。

如果我們回溯十七世紀的所謂科學革命，以其代表人物牛頓來說，雖說他所著的《原理》，確實導致近代科學中力學與光學數學量化描述的成功，但是如果看牛頓的洋洋巨著，他雖然是用數學和幾何方法，來描述物體乃至於行星的運動，而他定量研究各種運動所利用的、將之稱呼為的「理性力學」，其實還是承續前世紀的純粹推理思維，為的是彰顯他所信仰上帝的最合於「理性」。牛頓認為，這些推理完美的極致，代表著完美的真神信仰，牛頓也因此能以其真神信仰，在一七二六年去世後，隆重入葬於英國宗教至高殿堂的西敏寺。

主張基督新教發展造成科學革命的說法，由來已久，卻也在歐西文化內部引起辯論，主要原因在於天主教與基督新教本來系出同源，不過是兄弟鬩牆，與出自歐西基督教文化的近代科學，自有牽連深遠的血脈關係，把造成歐洲文化一家之興的近代科學，說成全是受到叛抗傳統的新教發展所致，難免是偏頗其事的。

如果看宗教革命時代造成科學革命的人物，也可以看出他們與新舊教的複雜關聯因緣，譬如哥白尼、伽利略和帕斯卡都信仰天主教；第谷和克卜勒兩位信奉新教的天文學家，卻先後受任為天主教神聖羅馬帝國的數學家；荷蘭新教的天文學家惠更斯（Christiaan Huygens），曾經受法王路易十四的法國科學院聘任，後來荷蘭與法國發生戰爭，法王路易十四將新教徒逐出法國；還有信仰天主教法國的帕斯卡做的實驗，很快在英國由信奉新教的波以耳重複。

跳出歐洲文化內戰的辯論，如果檢視科學革命造就的歐洲興起，背後其實有著更為複雜的社會經濟因素。以二十世紀法國年鑑派大歷史學家布勞岱爾的看法，歐洲興起的所謂「漫長的十六世紀」，不光是歐洲新教倫理以及理性科學的勝利，而是以更早在義大利的熱內亞與威尼斯兩個大公國的資本經濟擴張為基礎。熱內亞與威尼斯在十五世紀爭戰連年，搶奪海上貿易主導權，鄂圖曼帝國興起後，東方香料貿易落入威尼斯之手，熱內亞於是投入資金，支持信仰天主教的葡萄牙與西班牙進行海上探險，威尼斯則支持新教的荷蘭與之對抗爭戰，後來美洲發現與白銀開採，更造就歐洲以資本軍事體系在世界的稱霸擴張。

今天許多人回顧歐洲的興起，常要提歐洲理性文明的上承希臘傳統之文藝復興，下續宗教改革的社會解放，忽略了科學革命造成歐洲擴張成就，並不是因其高懸理性思維，使人近悅遠來；真正造就歐洲在拉美、非洲以及亞洲殖民擴張的，是隨近代科學而來船堅炮利的暴力。所謂真神信仰的昭昭天命，不過只是自圓其說的歐洲中心論述，一百年前歐洲一次大戰造成的生靈浩劫，已經引起歐洲思想家許多悲觀的自省。

在歐洲重新回顧五百年前馬丁路德宗教改革的當下，對於不是基督教文化的我們來說，實不宜再三高舉近代科學的理性價值。近代科學與基督教文化是孿生兄弟，其理性的根源與基督信仰的千絲萬縷關係，並沒有斷絕，以科學理性來證明中華文化落後的「不理性」思想，可以休矣！

科學與玄學的對話

二〇一八年，我出席陽明大學幾個有心老師朋友共同策畫的跨界課程，這個名為「身體、腦、心智與精神」的課程，雖然關注層面主要還在科學的思緒與進展，卻也邀請科學領域之外，甚至宗教或靈界範疇人士，分享他們的感應經驗與思緒，可說是一種科學與玄學對話。

在中文意念中，科學與玄學地位的強弱高下，可說是涇渭分明。這種印象一部分來自「科學」、「玄學」兩個辭彙在中文的字面意思，一部分也來自在一九一九年五四運動後幾年，當時知識界所發生的「科學與玄學的辯論」。那個發生在國勢多艱當下的救亡圖存知識救國之辯，無須多說，科學就是救亡所恃，玄學則是積弱之源。

「科、玄辯論」的起源，出於民初著名學者張君勱北京清華大學的一場「人生觀」演講，張君勱主旨是反對當時的泛科學論調，反對凡事莫不歸之於科學，連人生價值都要由科學來衡度、用科學來定位，忽略了生命的內在直觀與美感。結果其議方啟，立時引來科學派的批判，當時一些在西方究些學術的知識份子，起而挺身為科學說話，直陳科學講證據的優勢方法論，其中尤以地質學先驅人物丁文江最是強勢。丁文江在發表的〈玄學與科學〉文章中，甚至認為不是科學方法得到的結論都不是知識，他也將張君勱與梁啟超冠上「玄學鬼」之名，後來「科學與玄學」論戰的說法就是這麼來的。

梁啟超在清季可說是了不起人物，他古學深厚，文章傳世，戊戌變法雖未成功，但是對於西學西潮，具有深刻認識。一九二〇年遊歐歸來寫出的《歐遊心影錄》，觀察歐洲經歷長達四年的一戰浩劫，對於西方文明，特別是對於科學的悲觀看法，感受甚深。他也是當時北京清華大學的四大師之一。

張君勱留學日、德，除在柏林大學得政治學博士，對儒家思想與法國哲學家柏格森（Henri Bergson）的直觀哲學，頗有深研，曾撰文討論中國現代化與儒學的復興，可謂學養深厚。他與梁啟超都是傳統文化護衛者，並不是鑽研魏晉玄理的玄學家，哪是什麼玄學鬼，他們的視野，豈是研習了地質，以實證為科學絕對價值的丁文江所能望其項背。

只不過在當時的一種事事講科學的社會氛圍下，似乎就默爾其事了。有謂當時的「科玄之辯」，是針對著改造社會的方法，也就是有當務之急的救亡問題，並沒有關注到啟蒙思辨，雙方是名詞與語彙的論辯，不但沒有深入探究科學傳統與中華傳統的衝突與融合，還給社會留下一個「科學與玄學」的籠統印象，可謂遺患無窮。

科學就這麼在我們社會建立起無限上綱的認定，把本來是懷疑論理的思維體系，弄成一個八股教條的僵固意識型態。許多人爭先恐後的鑽入科學，目的只是要成為一個理性的進步人士，而心中念茲在茲的，不過就是盡快脫離帶來諸多屈辱的傳統，這也就形成了一種「欣羨西學，貶抑傳統」的社會氛圍，嚴重影響了我們的文化思辨與創新活力。

十九世紀在英國，也發生過科學與傳統文化的兩次辯論，當時阿諾德

（Matthew Arnold）與赫胥黎（Thomas Henry Huxley）的辯論，又稱為「人文與科學的辯論」，而柯立芝（Samuel Taylor Coleridge）與邊沁（Jeremy Bentham）的辯論，則有「浪漫主義與功利主義的辯論」名稱。英國的兩場辯論，都是傳統人文居上風，科學面對批判只能勉強辯駁，與民國初年的科玄之辯，可說完全異勢。

人類幾千年的歷史中，科學始自三百多年前的歐洲，是標準的新生事物，除了一般較多的科學與宗教衝突，面對歐洲長久的人文傳統，科學也備受挑戰，這與科學在我們環境中的處遇明顯不同。科學在五四運動受到瑜揚，之後能以睥睨批判之姿，面對傳統文化，原因無他，實來自我們在十九世紀遭到歐西強權以科學強力侵凌所致，因此在社會中，莫不以科學乃立國圖強之本，以之來貶抑傳統文化，自是不足為怪。

科學之本質是什麼？我常好歸之於「簡近因果，實徵致用」八字，簡近因果乃能立竿見影，實徵致用造就文明變貌，這些浮面表象自是深入人心，直至近世社會，莫不有唯科學是尊的意念，自然也成就了科學的一種文化獨尊地位。其實如果對科學有深一些探究，可以瞭解科學之探究事理，總以其簡單線性因果入手，此固然得出許多知識，帶來諸多實用發展，但是宇宙世事之深刻涵義，多為複雜多因果關聯，科學之觀照，是頗有掛一漏萬、短多長空之失的。

我很喜歡曾經與之有幾次接觸談話經驗，常在世界知名雜誌《紐約書評》（*The New York Review of Books*）撰文的戴森（Freeman Dyson）對於科學的看法。戴森在美國是一個備受尊崇的知識人物，本行是理論物理，卻有深廣文化涵養，是西方標準的「文藝復興人」，他與楊振寧可說惺惺相惜，一九九九年楊振寧的退休慶會，戴森受邀所做的晚宴演講，已經成為經典文獻。

戴森二〇一二年四月五日在《紐約書評》一篇〈風暴中的科學〉（Science on the rampage）文章寫道，「科學只是人類能力中很小的一部分。我們要得知自己在宇宙中地位的知識，不只來自科學，也來自歷史、藝術與文學。」他說，「科學是觀察加上想像力的創造性產物。」如同戴森一樣，我接觸過的許多大科學家，多能接受科學只是局限條件下的暫時知識，隨時可能被顛覆，而一些只是受過良好科學訓練的科學中人，則比較喜歡奢談科學的絕對價值。

回到在陽明大學的跨界課程，令人印象較深的，是近年在社會上曾引起過爭議，做過台大校長的電機系教授李嗣涔，上世紀八〇年代末參與國科會氣功研究計畫，後來由氣功走上以手識字的「超感官知覺」研究。這些探討超乎感官認知科學的研究，引起的批評與爭議中甚有「科學乩童」字眼，十足反映出我們對科學的一種絕對價值認定。

此次李嗣涔進一步介紹近年研究心得，他以量子物理學家薛丁格（Erwin Schrödinger）波動方程中的虛數項，認為那可以是意識的科學表徵。薛丁格當年以虛數項解決量子現象的表述，確實是量子力學發展的神來之筆，李嗣涔的借為意識表徵，也可說是神來之筆。李嗣涔面對實驗重複和可靠性的非議，多以科學思維模型回應，譬如過往的訊息「場」、屏幕「效應」，以迄於近時的意識「虛項」。

當我們把目光放遠，環顧近時物理論及宇宙，謂目前可知之宇宙僅百分之五，另有百分之九十五不知所以的暗物質、暗能量，其實目前探究的意識等「玄」境，並非「暗」世界中物，是超乎其外的天地。

科學不過是「暗屋中找黑貓」，且也多的是瞎猜，科學之外，天高境闊，只是我們知之有涯，又何玄之有？

科學創造的社會價值

在某種社會意念中，科學研究似乎是神創之事，不但來自無可名狀的靈感創造，也賦予了神聖和至高無上的崇敬，這在科學事物以某種整體卻含混的印象，帶來社會生活與應用技能巨大改變的社會背景下，得到更進一步的強化。類同於人類文明裡的其他文化創造，譬如藝術與文學，這些無名的想像力，帶給人類未可逆料的驚喜，使得沉悶的尋常生活出現深遠的意義，而不同於其他創造的才分，科學創造因為直接衝擊著人類的生活實質內涵，也就益發的受到欣羨與崇仰。

在二十世紀的科學歷史中，獲稱為偉大物理學家的愛因斯坦，最是典型的代表，許多人傳誦他所提出的相對論，其實大多對之不知其詳，甚或根本不知何其所謂，但是人們只是附和讚嘆他無可名狀的天才，只會赧然於自己對玄奧理論的無從理解，絕不會懷疑此些論說可能是瑕疵誤謬的。

科學在人類文化中樹立起信實地位的原由，來自科學創生思維的可驗證性。人們見識到科學在有限規範條件中，建立起可以預測的因果關係，也藉此造出許多實用工具，對於一些科學玄想，自然就有了深刻信心，認定一些看似難喻的玄想，終有其成就真實的一日，科學思維因此也就自然成為顛撲不破的真理。

回顧科學演進的歷史便可以知道，許多後來視之為近代科學的代表人物，在歷史演進的當下，其實是站在後來科學所謂主流思維的對立面。標誌實驗科學代表人物的波以耳，他便不信服以往的風火土水四元素論及引領化學主流思維的汞硫鹽三元素論，堅持宇宙由上帝創造的最小成分形成，他認為自己的實驗科學結果，證明了上帝的真實存在，煉金術也比合成化學更有價值。

當然，實證科學所觀照事物因果的簡單而貼近的特性，使其知識內涵易於轉化為實用工具，造成人類文明面貌的巨大改變，科學在利之所趨人性的導引下，自然走向立竿見影的實徵致用之路，也走出科學坐上人類宇宙思維主流寶座的歷史事實。

知識創造總無法自外於社會需求的衡度，由波以耳以降，近代科學的實證之路，雖說面對質疑與挑戰，終究還是開枝散葉，愈益茁長成蔭，伴隨著歐洲文明的擴張興起，科學更成為世紀的顯學，十九世紀下半以降迄今，人們多只企盼科學思維的新境，少有質疑其究竟如何。

但是科學創造波瀾壯闊、日起有新，在有限規範條件下受檢證之前，到底哪些才是有價值的呢？此種對於科學玄思的質疑，甚至到二十世紀初的愛因斯坦廣義相對論，也不可避免，英國愛丁頓（Arthur Eddington）爵士的東非洲日全食探測，雖說一夕揚名，日後仍不免對於其所用底片曝光可靠度的懷疑，但是社會信了，愛因斯坦坐上科學王座，一直到今天，當下的熱潮是競相砸錢建造大探測器，找尋那虛渺微妙的引力波。

懷疑論者是有的。十九世紀英國算則計量先驅，有稱他為近代計算機之父的巴貝奇（Charles Babbage），就提出以對作者著作計量的方式，來衡量一個人的科學貢獻，巴貝奇一生提出過許多奇想，大多沒有得到重視，這個想法也不例外，但是他沒有想到，當今科學界已然拳拳服膺此議，讓不計其數科學研究者浮沉論文計量的大潮之中。

巴貝奇的構想受到質疑並不奇怪，因為一個人的創造貢獻，如何能以數量衡度，不過他的想法還是帶來影響。一八六八年英國皇家學會出版了頭一冊的《科學論文目錄》（*Catalogue of Scientific Papers*），雖然編目選擇標準引起批評，至少設定了一個查核評比標準，也讓許多科學中人援引利用。不過那冊《科學論文目錄》，不但收錄科學論文的來源性質不一，甚至文獻內容的寫作引用，以及作者的貢獻，都有爭議，以今天的學術常規來看，已經可歸之於學術不當行為。

到了二十世紀，美國學術界開始有「不出版就走路」（publish or perish）的概念，但是學術界光是追求論文出版數量，卻無法保證其質量的水準，因而也總想法子來矯正缺失，一直到一九六〇年代，美國語言學出身的專家加菲德（Eugene Garfield）開創出一個衡量科學論文價值的辦法，稱之為科學引用指數（science citation index, SCI），計量一個科學研究者在選定刊物上發表論文，受到他人引用的指數，現今科學引用指數已成為科學界衡量科學研究者貢獻的主要標準。

這個標準在世界各個國家的科學界，受到不同程度的重視，得到共識與支持，也不可避免要引起許多批評。現在許多科學研究者倡議要有更好的評核標準，譬如十多年前由一個物理學家提出的 h 指數（h index），似乎得到相當好評。當然現在的所謂網上自由發表論文平台，跳過以往論文經由同儕評審（peer review）才發表的辦法，由網路自由大量的評審來定奪價值。

回到科學或是人類創造的本質，那本來是出自人眾又再回到凡塵的活動，自不可能真正有「秋水文章不染塵」的絕對自在脫俗。尤其科學成為人間顯學，人人嚮往欣羨，也總希望他們奉獻出的膏脂，能夠帶來傲視宇宙的視野、豐沛的實質利益、長久的生命存在。於是，急功近利、近名這些人性本質，就宰制著社會設定出的衡量科學標準，宰制著科學大洋中的云云眾生，也決定著我們對於宇宙生命的認知視野。

科學實驗的價值

近代科學受到信任與推崇，其中一個道理是近代科學的可靠性，近代科學的可靠性是什麼呢？簡單來說，就是其所提出的解釋，多少是可以驗證的。但是卻沒有多少人真正去瞭解，科學是如何去驗證推理解釋的。

現在一般常說，在近代科學的發展歷史中，實驗科學的代表人物是愛爾蘭的科學家波以耳，現代物理學中談論大氣壓力的理論，總要談到波以耳以實證辦法驗證出氣體壓力與體積的推理：由義大利人托里切利（Evangelista Torricelli）水銀柱實驗起始，到後來提出氣壓與體積關聯的「波以耳定理」。不過我覺得波以耳一六六一年出版的《懷疑派的化學家》（*The Sceptical Chymist*），是有著特殊意義的一本著作。

波以耳的這本《懷疑派的化學家》，一般視之為是給近代化學奠基的一本著作，波以耳雖說討論了許多煉金術的方法，但他提出的「以實證方法做為化學知識可靠根基」的看法，質疑了十七世紀的化學理論，讓他成為科學實證主義的代表人物。他不喜歡當時化學朝向藥劑製造的重利趨向，主張化學研究應該追求一種哲學的終極思維，不應該落入追求藥物合成的利益，以及使得化學落入一個會造成惡臭與汙染的事業。

化學走向藥物合成的路途，背後的驅動力正是利益的追求，這其實也是決定近代科學發展走向的因素。縱觀近代科學的歷史，並不全然是為了追求未知的好奇心，更有因為可以帶來實際利益的動機，而促成其發展。即使波以耳當年並不支持後來的化學元素發展的思維，但是近代化學卻走向了以元素特性，決定物質性質的方向。

在歐洲十七世紀的自然思維哲學理念，主流是推理。波以耳不喜歡亞里斯多德的四元素論及製造藥劑化學中的三元素成分思維，就某一個意義上來說，波以耳這個公認為是近代實驗科學的代表人物，其實與後來主流實驗科學思維，有著依違兩端的影響。

波以耳在《懷疑派的化學家》中，對於基本元素下了定義，認為基本元素是指那些最為純粹的單質物質。這樣一種純粹性也出自一種哲學思維信念，與當時居於主流地位，公認為是化學前身的煉金術中的四元素觀點，不完全一致，更不用說當時已帶來大量實利的藥劑製造化學。到今天在英國藥劑師用的還是化學家（chemist）這個字，便是當時發展留下的影響。

現在許多談論科學進展歷史的說法，每每強調科學實證性的絕對價值，把近代科學在歐陸的興起勃發，簡化為一種實證精神的理性勝利，忽略了在十七世紀近代科學其實對社會並沒有重大影響力。十七世紀法國學院中風行的是強調理性推理思維的笛卡兒主義（Cartesianism），當時歐西社會流行如煉金術之類的傳統作為只是其一，後來因實利性的技術發展，觸動歐洲社會經濟勃興的產業革命，則是更明顯的事例。這些當然與科學發展中的一些知識內涵相關，但是將之籠統歸於一個實證精神，甚或加上一個不知其本意的理性主義，確實是過於簡化給予科學的加官進爵。

歷史的發展往往如此，勝者全贏，眾人爭譽，失敗者則成為孤兒，無人聞問。歐洲技術的實利運作與資本軍事擴張造就的繁盛榮景，讓在人類歷史中發展滯後的歐洲，信心勃發，後來的啟蒙主義便是一個象徵性的宣示，而大航海以降的殖民掠奪，到十九世紀達到頂峰，等到了二十世紀更有基督教「白人使命」，甚至是韋伯所謂新教倫理的優越性。

近代科學是歐洲崛起的思想源頭，在這樣一個大氛圍之下，近代科學的所謂實證精神也就讓人完美化，歐洲如此，其他受到侵凌之地，也多欣羡景從，其中中華文化正在其中。一九一九年揭櫫以科學來「救亡」與「啟蒙」的五四運動，最是代表，以當時現實困境而論，「救亡」或有其不得不為的急迫，「啟蒙」的大旗則是利弊參半，此中論辯，持續未輟，影響我人文化思維的面對新局甚巨。

科學實證的效力，由產業革命到科技革命、二十世紀兩次大戰、冷戰的對峙競爭、科學實證的技術威力，自是有目共睹。但是簡近因果的實徵致用，固有其長，亦不免其短，簡單來說，對於簡單或線性系統，科學實證確有其優勢，面對複雜系統則頗多錯置。

現在生物醫學研究延續科學實證精神，對於一些生命現象的研究，也是以動物的控制實驗為依據，生命科學常使用大白鼠為實驗動物，這種老鼠實驗是當前生命醫學研究的主流模式。二〇一八年英國《自然》雜誌有一篇專文，討論生物醫學研究的動物樣本問題，研究人員的疑問是，為什麼在實驗室老鼠身上所產生的免疫反應，在人體臨床實驗常常失敗，他們懷疑原因是出在實驗用的老鼠太「乾淨」，因此產生的免疫反應不是正常環境中應有的免疫反應，因此他們現在便特別去選取比較「髒」的老鼠來做實驗。

此些現象，在科學研究領域由來已久，只是在一個體制性競爭決定論的規範推波之下，不但匡正甚微，恐還在變本加厲的擴大，尤其在生物醫學領域，由於產出大量資料分析性質研究結果，論文數量龐雜，莫說是查核，多時連細緻閱讀都不可得。從《自然》雜誌二〇一一年刊出一篇專文，說十年來論文的數量增加了近百分之五十，但是因為內容出錯，多係蓄意造假遭舉發而撤稿的論文，卻增加了十倍，乃至於近年台灣由台大到中研院的論文造假事件，正是一個表徵，恐怕還只是整體學術界問題的冰山一角。

這麼多年來，生物醫學研究產生的結果，大量用於醫療方面，藥物與疫苗大行其道，甚有以國家法令全面接種疫苗的政策，且不說其中的藥物專利、銷售等利益問題，醫療界又如何面對前面提到的實驗查核問題。

也許有人要說，這些藥物不也治好了一些病人嗎？那麼另外一個沒有回答的問題是，這些病人不治療又會如何？

科學的榮耀與罪愆

科學運作的常態是失敗，但常常展現出來的總是成功的面貌，造成社會對科學一種過度樂觀的誤認。這種印象也許給科學帶來短期好處，得到讚賞與支持，但是以長遠看，必然要引起問題，這些問題近年已愈來愈為明顯。

如果以人類歷史長度衡量，科學其實是新生事物，科學的出現與萌起，承續自一些傳統思維，譬如說希臘的哲學思維，但是後來能夠走上特別彰顯實徵致用的近世科學之路，更多是時代的偶然。十六世紀前的文藝復興，十六世紀的基督宗教分裂，往後社會知識傳播系統的改變，都是造就近世科學的因素，這正是諸如懷海德（Alfred North Whitehead）等西方科學哲學大家所謂的「歷史的偶然」。

如果仔細探究近世科學早期的成功，其中實徵致用的範疇，多在一些具體可見現象，無論是舉目仰視的天體行星，到俯拾俱見的生存事物，實徵而後致用是主流思維，哲學玄思固貫穿其間，但是如非此些知識的援引大用，近世科學恐不會脫離繁瑣哲學的桎梏，走出一個沛然大盛的局面。

科學的曲折演進，雖說許多並不是一帆風順，但是時勢造英雄，科學知識的實徵致用造就歐西世界的強兵崛起，也興起一種樂觀的信心，促使近世科學有了雄圖大略，不只局限著眼具體實象問題，也汲汲於解決繁複的非具象問題，甚及至於宇宙哲學層面。這些努力衍生出許多理論推想，也有許多實徵作為，但是這些秉承過往經驗的施作，卻不能再現過去的成功效果，這正是近世科學漸漸顯出困局的緣由。

近世科學出現較大麻煩的，是一些探究對象牽涉面相繁複多因的領域。過往科學成功的基礎，是確立具體現象中簡近因果的關聯，進而比較容易建立起實徵致用的效果，然而面對繁複多因現象，便不容易建立過往那種控制條件的實驗。但是科學成功表象的思維，使科學家認定結果的必然可期，便造成許多似是不可避免的失敗。

由科學運作的本質來看，科學過往之所以成功，乃是在於所探究現象容易局部呈現，這也就容易建立比較清楚簡近的因果關係。在這樣一種控制條件中，科學知識成功最關鍵的「可重複性」，便容易達成，而科學實證的頭號冠冕便是實驗作為的可以重複，正因為有這樣可以重複發生的現象，科學知識也因此有了很強的應用性，可以產生出許多來自科學知識的應用技術，讓我們能改變運用自然宇宙物質的辦法。現在耳熟能詳的科技文明，也就因此而來。

但是科學的這種可以控制並造成重複發生的現象，並不是普適於諸事萬物。一般來說，因果比較單一簡近的現象，科學能夠處理得很好，但是面對一些複雜性高、多重因果關聯的事物，科學處理起來便有其先天的不足，因此其所得到的因果認知，便會出現片面局部的困境，而其所產生的應用處置，也就常常要碰到問題。

當前近代科學學術領域裡，一再出現的問題是實驗結果的無法重複，這些問題的普遍性，已引起學術界反省的聲音。這無法重複的實驗，較多是發生在生命科學、實驗醫學，同樣也在心理學和物理科學。造成這些問題的原因，正是這些探究現象高度繁複，由於因果的多元牽連，實驗設計的選擇便面對先天的難局：如果關注過度窄化的因果，便難免其他因果關聯的影響，如果兼顧多重因果，就難以得到明顯的簡近關聯。

二〇一三年，世界代表地位的英國《經濟學人》雜誌以「科學是如何走錯」（How science goes wrong）作了封面專題，文章說科學過去標榜的一個優越性，乃是「基於查核的信任」，但是現今科學研究競爭激烈，每每以發表結果爭取名聲為尚，鮮有人專注查核之事。

查核的問題緣起二〇一二年的《自然》期刊，有專文指出，美國安進（Amgen）製藥公司進行的研究，查核了五十三篇有指標性的癌症研究實驗結果論文，發現其中只有六篇的結果可以重複驗證。實驗醫學的臨床前研究雖說是初步結果，但是如此低的可重複率，卻也讓該領域的專家大為吃驚。

這篇專文也披露德國拜耳製藥的調查，已公開發表的六十七篇指標性臨床前實驗報告，只有四分之一達到能進行下一步實驗的要求標準。這些研究領域的現象，其實對社會已造成嚴重問題，因為在沒有探究這些初步研究可靠性的情況下，研究人員就進行下一步的深入研究，甚至進行病人的臨床實驗。一項調查資料顯示，二〇〇〇到二〇一〇年大約有八萬名病患參與的臨床實驗，根據的其實是有錯誤或實驗設計失當、已經遭到撤銷的論文。

除了實驗醫學，在生命科學及社會科學也有愈來愈多的研究，雖說實驗方法完全遵守隨機取樣、數據標準檢視等科學操作準則，結果也都符合理論假說，但在仔細檢測之下卻無法重現其結果。

近期一些討論這些科學實驗問題的文章，甚至用了「科學的罪愆」來作形容，我覺得「罪愆」有兩個層面的意思，在西方宗教中所謂的「罪」（sin），是與生俱來、先天的，因此這些科學問題的罪，有來自先天的問題，也就是來自要探究問題的先天局限性，譬如生命現象的複雜因果，先天上便不是長於探究簡近因果的科學可以解決。

科學當前的罪愆當中另外一個層面，是後天的，也就是人為與環境所造就。在現下論文汗牛充棟的科學文獻中，諸如揑造數據、扭曲結論的種種人為罪愆，屢見不鮮，造成這樣結果的，一是科學家的人性面，另外則是當前科學學術制度的推波助瀾。

失敗為常態的科學卻呈現出成功面貌的社會印象，造成社會對於科學研究者的一種錯認，認定科學家都是客觀理性、誠實無欺的，也讓一些科學家有如此的自我認定。其實科學的歷史一再說明了，並不存在如此的一種理想情況，事實上就是最為誠實的科學家，都不可避免人性本質，總想呈現出完美的實驗結果，更遑論蓄意的造假。

另外當前的學術制度結構、「不發表就走路」的規範，研究者的工作、升遷以及研究獎助，莫不根據衡量發表論文的質量指標而得，也助長了此般問題。

科學的榮耀與罪愆，可說是相生相成的一體兩面。我們不只應該問，如何減少科學運作上的罪愆，更為根本的，是認識到科學本質上的罪，其實來自其過往立竿見影速效為尚的科學榮耀，而這些立竿見影的榮耀，帶來的到底是利是弊，更是值得反省的最深層問題。

科學研究　所為何事？

二〇一八年七月，中研院召開了兩年一度的院士會議。這個源自近代西方傳統的學術儀式，混雜著中華文化傳統一種科舉晉身氣氛，加上過往兩岸對峙局面中的學術正統之爭，讓這個本是學院門內之事，成為社會的矚目焦點；院士跨洋而來，總統請客吃飯，由學術成就到私人軼事，媒體關注巨細靡遺，甚至對新選出的院士，也總是成篇累牘，有如現代版的中舉登科，與歐西院士會閉門自家事的氛圍，可說迥然不同。

二〇一八年的院士會議還承續著二〇一六年的爭議餘緒，那次先有院長選舉的臨時改規，又有下台院長的圖利涉貪，兩年前方選上院士便做上院長的新科院長，今次面對著一些院士聯名提案，要求教育部儘速任命依法選出的台大校長，以及院士希望排除政治影響，重視基礎研究的提案，不知是否有「外慚清議，內疚神明」的反省。

在台灣當今的政治意識型態下，中研院承續的這個時值九十年的傳統，或已不再是歷史資產，但是借鑑自法國法蘭西學院傳統的這個大學院，每年還是得了超過一百五十億的民脂民膏，戮力國家社會學術發展的責任，無從迴避，院士會中所謂重視科學基礎研究之議，正是因此而來。國家以納稅人資金編列預算，支持科學研究之舉，是二戰後才有的新生事務，二次大戰以前，科學研究其實是一個小眾的活動，且近代科學研究的歐西國家，初始並沒有支持科學研究的制度化結構，容或一些近世科學歷史上的代表人物，也有得國王延聘成為其麾下科學院的科學家，但人數相對僅是少數；一般而言，社會上從事科學研究的人不多。

二次大戰時，因戰爭需要而起的一些研究計畫，譬如最有名的美國做原子彈的曼哈頓計畫，帶來顯著效果，戰後於是有國家支持科學研究的機構，經費大量增加，演變至今，已呈一積重難返之勢。

積重難返一般指的是一件事往不好的方向發展，現在用在科學研究上，也許令人奇怪。其實如果對於今天的科學研究瞭解的愈多，就會知道這個積重難返的說法，是有道理的。

國家以政府經費支持科學研究，帶頭的正是進行曼哈頓計畫的美國。美國農業部門在更早就有利用科學技術增加生產的想法，不過美國農業一直是生產過剩，不是生產不足，因此那樣的提議沒有市場。二戰結束時，時任美國科學研究發展局局長的電機工程專家布許（Vannevar Bush），得羅斯福政府委託發表一個報告《科學，無窮盡的疆界》（*Science, the Endless Frontier*），提倡以國家之力支持科學研究，也倡議資訊公開交流，以得研究成果快速分享之利，這其實與二戰期間的軍事研究講求機密，造成美國海空軍相互傾軋的經驗有關。

布許的倡議能得到支持，也有客觀社會條件的配合。二戰前盤尼西林抗生素的發明，使細菌感染得以快速控制，二戰時配合戰爭需要發展出了雷達，特別是曼哈頓計畫的成功發展原子彈，迫使日本提前投降，令人印象深刻。此外，布許也在社會宣傳上抓住竅門，原來倡議支持純粹研究，卻說此種追求知識好奇的純粹研究，居然可以帶來實際應用效果，一般人聽在耳中，難免奇怪，於是布許去純粹之名，改用基礎研究，這就顯得比較順理成章。只要有基礎在先，進一步自然會有應用成效，因此社會很快也就接受這個說法。這是一個很好的例子，說明了任何一種概念是否能得到社會共識的關鍵所在。

布許文章刊登五年之後，美國率先成立國家科學基金會，是政府以預算豢養科學家的濫觴，此後各國紛起效尤，造成科研經費與科研人員數量日增，爾後支持範圍也及於布許一開始並不感興趣的社會科學和人文學科，此趨勢發展至今逾半個世紀未歇。

依過去半個多世紀的經驗，基礎研究毫無疑問帶來了應用的發展，不過到底要提供多少經費，近年便引起許多爭論，科學研究者大概總傾向於多多益善，現實自不可能盡如人願。與我有過多次接觸，曾經擔任美國眾議院科學委員會主席的已故眾議員布朗（George Brown Jr.），九〇年代曾經在美國《科學》期刊發表評論專文，文中說得很對，他說美國二次戰後支持科學研究經費暴增，演成科學社群主流力量宰制和國家目的（軍事或商業因素）驅動的局面；他批評科學研究者本位主義饜求經費，是自私而不負責任之舉；而他也指出，「二次大戰以來，美國擁有博士學位的科學家的增加，超過全國人口成長的速度。基礎科學的群體的擴展，基本上是研究經費增加的一種市場反應。」簡單的說，就是漫無節制的增加經費，只會造出許多平庸無用的結果。

二戰後的冷戰對峙，更進一步強化了科學研究與國家安全和經濟發展的關聯性，經費巨幅大增，也造成大批尋求博士訓練以便進入科學領域的研究人數，這個現象不獨發生於美國，世界其他各國也很普遍。面對研究人力為數過多，為今之計便是設定審核標準，「篩選優秀，淘汰不力」，學術界行之有年的「不出版就走路」，正是此計。

十九世紀英國工業革命時期，紡織機出現造成人力遭到取代，當時有一個工運領袖盧德（Ned Ludd），帶頭摧毀了幾台紡織機，後來英語中出現一個名詞叫做Luddite，翻譯作「盧德份子」，指的就是阻拒技術革新信念的人士。

二〇一一年《自然》雜誌刊出一篇專文，題目是〈讚賞盧德主義〉（In praise of Luddism），文章說所有的科學技術發展，都應該面對具反對精神「盧德主義」的挑戰。尤其是在一個科學高唱入雲，科學意味著帶來創新和進步的時代，對科學技術新構想質疑的盧德主義，其價值也許讓人懷疑，但是回顧科學技術的歷史，盧德主義其實是其中的主旋律，由十九世紀惡名昭彰的永動機，到二十世紀的科學發現與技術專利，其中多的是盧德主義質疑下的失敗案例，如今科學論文的發表，面對的同樣也是持盧德主義精神的評核審視。文章說得不錯，盧德主義正是促使科學技術合宜發展的準繩，沒有盧德主義，任由科學技術妄想的無節制遂行，造成不只是無謂的社會資源耗費，還帶來負面傷害。

今日科學研究正在逐漸落入一個向下旋渦模式。拜國家資源大幅擴張之賜，愈來愈多人，或是出於興趣，或是在一個生產線式的模式中，走入了科學研究的領域，許多人經數年嚴格訓練，擇定一個有興趣或有發展潛力的題材，勉力取得做研究的入門資格，目前通常是一個學術學位或是資格條件，經過如此訓練而成的研究人力，是否就是做出有價值研究工作的保證，就好像由音樂學院訓練畢業，是否就能成為好音樂家一樣，恐怕都只不過是一種自我催眠的想像。

但是當今許多科學研究者高唱入雲，要求所謂的絕對自由，他們聲稱許多偉大的發現，都出自當初看似毫無用處的純粹研究，但是歷史也說明了，無實用性的研究和無用處的研究並不等同。基礎研究必然帶動應用技術，進而造成經濟發展的思維，並不是那樣想當然耳之事，今日得社會資源從事研究的人士，豈可大唱學術研究自由的高調，輕忽了社會責任意識。

二戰後人口與經濟快速成長，加上冷戰對峙局面的加持，科學技術與經濟成長確實曾相輔相成，那讓許多人忽略了時代改變的影響。近些年一些歐美大科學技術研究計畫的挫折，標誌著環境改變的時代新訊息，顯現出目前的世界如同上世紀的美國農業，問題是生產過剩與分配失衡，不是技術不足。

歷史總是在重複錯誤。最近如中國之新起經濟體，汲汲於接續歐美無法承擔的大研究計畫，推出一個又一個野心宏遠的大科學藍圖，譬如二〇一六年浮出檯面，也引起紛爭的超大加速器計畫，就是一個例子，其他看似神奇眩目，其實華而不實的還所在多矣。

二〇一八年中研院院士會議提出要重視基礎研究，也引起一些爭議，香港城市大學校長郭位提出不用特別區分基礎、應用，「科學研究只有好和不好」的看法，確是有其深意，當然這背後又有如何公允好壞的問題。目前學界也確實有著評斷標準，譬如純理論研究有些公認的大方向，如果有人在其中提出了突破想法，通常會認定是好的研究，另外一般學術論文，則有一個獲引用多少的科學引用指數標準，由於大體上是眾所共認，尚且相安無事。

其實科學是探索宇宙的方式，無處不在，不一定非得要在中研院之類的學術黌宮。

前幾年一個報導提到台灣的精釀啤酒，其中提到三個年輕人創立的「啤酒頭釀造」以傳統二十四節氣概念為本，令人驚豔。他們以古人觀察氣候變化，反映季節更替、萬物消長規律的二十四節氣，加上將艾草、茉莉花、柑橘和冬瓜磚等台灣風土物產入於啤酒頭，由二〇一五年的「穀雨」開始，已推出十五款精釀啤酒，還將繼續系列的另外九款。除了釀酒本身的挑戰，他們的酒標不一味模仿西方塗鴉風格，而用中文書法作主視覺呈現，再搭配顏色圖案，以標誌和英文字設計降低東方色彩，並塑造出現代感。

他們新推出的年度桶陳酒款，是以李白的《春夜宴桃李園序》文句中的「萬物」和「逆旅」命名，見出他們擬古化新、不拘一格的創意。其中一位年輕人出自生物科技背景，雖說他沒有在生技領域的學院實驗規範中，去探索其實多時過於囿限一端的化約世界，卻在一個古老釀酒天地，開創出如此文化深厚也創意無限的成果，學院領域中斤斤計較的論文多少和數據標準視野，倒真顯得鼠目寸光了。

以文化承傳與思想創新來看，二十四節氣精釀啤酒的新意，正反映出當前學術世界拘泥西方主流傳統，爭論什麼才是好研究的視野困局。

科學研究者應該知道，爾俸爾祿，民脂民膏，真正能帶來社會變革或進展的，是整個社會需求的觀念共識，不是科學研究者唯我獨尊的「自許天命」。包括中研院在內取用社會龐大資源的學術社群，實宜有時時究問自己「所為何事」的良知。

三、科學家和他們的榮耀

十九世紀的英國科學家法拉第（Michael Faraday），由於在電磁感應方面有重要貢獻，公認是大科學家。法拉第剛開始在英國皇家研究院（Royal Institute）實驗室擔任助理的工作，告訴他的導師，偉大化學家戴維（Humphry Davy）說，「我想從事科學工作，因為科學家之間沒有妒忌和其他會困擾他們的鉤心鬥角。」戴維回答法拉第，「等著瞧吧，年輕人，你慢慢就會發現這個世界的真面目，科學家和其他人一樣刻薄和自私。」

我不敢說這個故事一定為真，但以我與科學家接觸來往的經驗，戴維的話可謂不假。

討論科學家形象的道理，主要是希望能認識到，我們現有的所有科學知識，雖說討論的現象是客觀存在，但是理論解釋卻都是科學家所創造，其實是很主觀。這些頂尖的科學家除了有邏輯、推理和客觀認知能力，卻也永遠不可能避免要有盲點、偏失、愚昧和錯誤，因此由這些不完美的科學家所創造出來的科學知識，除了有理性、客觀的特質，不可避免的也有其偏失、愚昧與錯誤，不會絕對完美無瑕。

我想說的是，沒有完美的科學家，也沒有完美的科學。

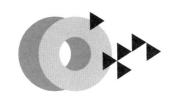

薛丁格化約經典論，遺產還是危機？

一九四三年二月裡的冬天，物理學家薛丁格在愛爾蘭都柏林市做了一系列演講，演講的主題是由物理科學概念出發，希望給當時生命科學中的遺傳問題帶來新解。

薛丁格的科學成就早在十多年前已經得到肯定，當時已是地位崇隆的諾貝爾獎得主。由於生命科學研究曙光乍現，加上他自己對於哲學甚至東方宗教出名的好奇與思索，因此，一年後以他演講內容集結成的一本小書《生命是什麼》（*What is Life?*），成為二十世紀讓許多人議論的名著。有人說，這本書對現在蔚為主流的分子生物學，可謂啟蒙之作。

二〇一八年九月初，為回應薛丁格七十五年前的演講，在薛丁格當年演講的愛爾蘭三一學院舉行一個討論會，主題是「生物學的未來」，討論會踵續薛丁格演講的調子，當然要瞻望未來。

薛丁格當年演講，主調是以分子基礎來討論染色體遺傳，他提出猜想，認為遺傳物質是「不規律晶體」，由原子的一種無序但特殊有序結構形成。對於遺傳物質在生物體中的運作，薛丁格借用了物理的熱力學概念，熱力學第二定律是說整個體系的熱熵會持續增加，生物遺傳物質運作則選擇反其道而行。簡單說，薛丁格就是希望用物理學思維，來替生物學解惑。

一九四三年薛丁格五十六歲，他最輝煌的物理工作是一九二六年提出的波動方程，那奠定了量子力學或然律表徵的問題，也奠定他在物理科學上的不朽地位。有一個說法指薛丁格做出波動方程後表示，有了波動方程，化學家的工作變得沒有意義了。

薛丁格會做《生命是什麼》演講，當然也有物理科學燦然大備、顧盼自雄的味道，但是一些人看他的演講內容，覺得既沒有特別的原創性，也不是領先群倫之作，原因是薛丁格所說的遺傳分子的不規律性，遺傳學家穆勒（Hermann Muller）早在一九二二年已經提出。後來得到諾貝爾獎的穆勒在六〇年代曾寫信給記者，指薛丁格的說法只是錯誤揣測，因為一九四四年埃弗里（Oswald Avery）完成細菌轉化實驗後，DNA才確定為遺傳分子，之前認為最有可能的遺傳分子角色是蛋白質。

但是薛丁格的影響確是毋庸置疑。十年後做出重要工作而開啟分子生物學的代表人物，由物理學家克里克（Francis Crick）、威爾金斯（Maurice Wilkins）和班澤（Seymour Benzer）到動物學家華生（James Watson），都聲稱他們受到薛丁格思想的啟發，原因除了薛丁格有思想創新的名聲，也來自一個絕佳時機；因為生物學已經由主要是描述性的有機體科學，轉變成為機械性的微觀科學。因此，由物理或化學觀點來探究生命現象，自然而然是順理成章。

一九五三年克里克與華生大膽猜測出DNA的核酸氫鍵結構，不但標誌著二十世紀生物科學的一個歷史躍進，也開啟了往後迄今的分子生物學新紀元，過去整體組織視野的生物科學，化約為微觀結構的分子與基因生物學，這個傳承的未來何去何從，事實上還在未定之天。

薛丁格雖說在物理科學的量子力學貢獻卓著，以新的數學方法解決了微觀粒子行為不能確定的或然率問題，但是他心知肚明，這些美妙玄奧的數學理論，到底如何能在真實客觀現象中展現，也還未可知。因此他曾經提出一般稱之為「薛丁格的貓」的悖論，這是一個想像的實驗，一隻貓與一個放射物質源共處於密閉空間，實驗設計如果放射物質源發生輻射反應，會觸動放射探測器，然後引發機關釋出致命氰化物殺死貓。

以巨觀世界來看，貓只可能是活的或是死的，但是在這個密閉空間的實驗中，貓的生死卻取決於一個或然率判定的微觀放射現象，因為根據量子力學的理論，微觀現象在觀察前，只是一個或然率，只在觀察時才確定，因此貓的生死也只能在觀察的當下決定。

薛丁格的貓悖論說明的，就是數學解釋合理的微觀現象，在巨觀世界是有矛盾的，因為巨觀的真實世界裡沒有既生又死的貓。

這麼多年以來，一些物理實驗學家在實驗室裡的努力，確實創造出在特定控制條件下，一個微觀粒子「既生又死」的「雙重狀態」，這樣的實驗就以「薛丁格的貓」為名。

但是這種物質的微觀現象只能在控制條件中存在，還無法同樣產生於一般的外在世界，更惶論用以來描摹更為多樣和難以預測的生命現象。

開創分子生物學的明星人物華生，曾經寫了一本回述他與克里克如何解構DNA化學鍵的小書《雙螺旋》（*The Double Helix*），書中坦承自己的知識其實有限，成功更多是憑藉著大膽的猜測，由於他的坦白自敘，這本小書反倒成為敘述科學發現的經典著作，歷久不衰。和華生共同解構DNA奧祕的克里克，聰明自恃，獲獎後投入對於人類意識的研究，一九九四年出版了一本著作《驚異的假說》（*The Astonishing Hypothesis*），他在這本書的主旨中引述說，「你，你的快樂和憂傷，你的記憶和野心，你對於自我的認定和自由意志，事實上都不過是一大組神經細胞以及它們相關分子的行為造成。」是一個絕對物質化約主義的生命觀。

分子生物學一路走來，雖說也有明顯可見的許多成果，但如果就一個合理自洽理論發展而論，離開物理量子力學的成就還頗有距離。

當年以提出ＤＮＡ結構的「夏加夫準則」而卓有貢獻的夏加夫（Erwin Chargaff），因對華生浪得虛名的不滿，曾經說過一句別有深意的話，「天色向晚，太陽西垂，就算是一個侏儒，也會有長長的影子。」

難道，分子生物學也是如此？

量子力學九十年的迴響

對於近代物理科學來說，一九二六年的重要，乃是量子力學發展的成型，三位科學家波恩（Max Born）、海森堡（Werner Heisenberg）以及約旦（Pascual Jordan）做出一些理論猜想，引導發展出一套新的數學模式，成功詮釋了當時觀察到的一些物理實驗現象，這個鮑立（Wolfgang Pauli）稱作量子力學的理論，讓人類以一種新視野看待宇宙，一個科學的新時代也於焉展開。

二〇一七年一月農曆年前，新加坡舉行了一個「量子力學九十年」的國際會議，請來近代物理科學中具有代表意義的幾位諾貝爾獎得主，其中最重要的，是要出席會議發表開幕演講的當代大科學家楊振寧。楊振寧在近代物理科學上的重要，不只是他得到了諾貝爾獎，楊振寧之所以受到當代物理學家推崇，主要因為他在一九五四年所完成的「楊—密爾斯規範理論」，已經成為當前物理科學理論的基石，影響深遠。另外楊振寧一生科學工作所顯現的精簡風格和深邃內涵，也得到物理學界真正內行大科學家的高度推崇，一九九四年美國地位甚高的鮑爾獎頒給楊振寧，頌詞說「楊—密爾斯規範理論」在物理科學上，可與麥克斯威以及愛因斯坦的理論工作相提並論。

此次會議的新加坡主辦機構是南洋理工大學，其實主要人物是物理學家潘國駒。潘國駒在英國得物理博士，八〇年代創辦世界科學出版社（World Scientific），後來發展起飛，成為國際科學學術出版很成功的出版集團，世界許多重要科學期刊都由其負責編輯出版，也出版許多專書。潘國駒還支持許多學術會議與活動，累聚出國際科學學術界的人脈與影響力，世界科學出版社成為在波士頓與倫敦都有分部的國際科學出版集團，潘國駒因此成為新加坡傑出人物、僑界領袖，也成為南洋理工大學的高等研究院院長。

潘國駒雖然沒有致力投入學術研究工作，但是對科學認識深入，特別支持楊振寧等亞洲物理學家創辦的亞太物理會議，也對於楊振寧在物理科學上的大師地位，有卓識眼光。

此次在新加坡舉行的「量子力學九十年」會議，時間上當然正好是量子力學一九二六至二七年開始發展後的九十週年，這個會議使人想起量子力學發展之時，歐洲舉行的索爾維會議。那個由比利時工業家索爾維（Ernest Solvey）出資支持的會議，對於二十世紀物理科學發展有極關鍵影響。

索爾維會議頭一次是一九一一年在布魯塞爾舉行，主要人物是主持人勞倫茲（Hendrik Lorentz），另外有居禮夫人（Marie Skłodowska-Curie）、龐加萊（Henri Poincaré），當時最年輕的參與者是已發表狹義相對論的愛因斯坦。

很快的歐洲在一九一四到一八年爆發第一次世界大戰，因此一九二一年才有下一次的索爾維會議，但是會議抵制德國科學家而不成功，當時已因廣義相對論且得到日食觀測證實而聲名大噪的愛因斯坦，也拒絕了那次會議的邀請。

科學歷史上最出名的索爾維會議，是一九二七年的第五次會議。當時量子力學已經發展成型，但是那次會議受到較多談論的，是其中愛因斯坦與波耳（Niels Bohr）的辯論，主要是爭論量子世界的觀測不同於古典物理世界的巨觀現象，只能是一種機率表述，愛因斯坦不相信這樣一種對於自然世界的機率表述，他給出的著名評價是「上帝不丟骰子」。

再下一屆的索爾維會議在一九三〇年舉行，愛因斯坦與波耳再借用構思理想實驗，進行辯論，起初似乎愛因斯坦問倒了波耳，但是第二天波耳用愛因斯坦自己提出的理論規範，讓愛因斯坦承認自己的挑戰沒有成功。愛因斯坦的辯論沒有得勝，但是到他一九五五年過世，也一直沒有接受量子力學，愛因斯坦認為儘管量子力學可以解釋許多量子現象，卻不是最後的終極理論。

科學的辯論勝負不是決定科學進展的關鍵，科學進展決定於一些現象的有效性。一九三二年出現不受電場影響的中子，造成後來原子分裂現象的發現，才有因此一物理現象而製成的原子彈。這決定了二十世紀以物理科學現象主導的科學發展，也成就一個物理科學的世紀。

在這回的「量子力學九十年」會議舉辦時候，中國也有對於由原子物理而來的粒子物理發展的爭論，爭論的主角是後來因醫生建議，取消由北京到新加坡長程飛行的楊振寧。若以楊振寧在物理上的地位，他出席此會議的開幕演講，必將成為物理科學歷史中的一個經典文獻。楊振寧沒有出席，只發表五分鐘的簡短影像短片，他強調量子力學對於二十世紀發展的重大影響，也向年輕科學家宣告二十一世紀的新機遇與挑戰。

對於期望聽到楊振寧對於量子力學及其發展歷史評價的人，當然難免失望，那麼楊振寧對於量子力學以降的近代基本理論物理，是什麼樣一個看法呢？二〇一五年同樣在新加坡舉行的「楊—密爾斯規範理論六十年」國際會議，楊振寧發表了一個「物理學的未來　重新思考」演講，也呼應他一九六一年在麻省理工學院百年慶一個討論會上的「物理學的未來」報告，這個回顧思考再次呼應他對於一個完整有意義物理理論的信念，整個基調與愛因斯坦面對量子力學有相類似的思維；除了要求數學上發展完備之外，更著重於物理圖像上要有清楚的意義。楊振寧說他的看法不是悲觀，而是實事求是。

由楊振寧對於物理理論評價的準則，也就可以瞭解他二〇一六年開始公開談論不贊成中國蓋超大加速器的道理所在，這個爭議餘波盪漾，還引起其他科學家的後續交鋒。

一點不錯，科學從來不是在一個絕對是非的抉擇中進展，這發生在愛因斯坦時代，也發生在當下。

諾貝爾獎迷思與科學變貌

由上世紀元年開始的諾貝爾獎，到二〇二〇年正好兩甲子歷史，每年十月諾貝爾獎依例的得主公布，仍然受到全球矚目，可說是諾貝爾獎的一種奇魅。當然諾貝爾獎歷史久遠，頒發一百二十年來，多能謹慎從事，雖說也有過爭議，甚至法律興訟，但是瑕不掩瑜。近一百多年來科學主導人類的思維與發展，皆與諾貝爾獎起始頒獎五項目中三個科學項目息息相關，因此雖說近十多年來世界新設了一些科學獎項，得獎者多也是拔尖擢粹的一流科學家，一些獎項的獎金，甚至有遠超過諾貝爾獎的，但是卻沒能有諾貝爾獎同樣的光環，我們可以稱之為一種諾貝爾獎的迷思。

諾貝爾獎開始初期，其實是很地域性的獎項。一九〇一年開始頒發的諾貝爾獎，頭一年的物理獎頒給了發展出了X光技術的倫琴（Wilhelm Conrad Röntgen），倫琴雖說是德國科學家，但是研究諾貝爾獎的歷史便可以知道，早期諾貝爾獎的科學得主，北歐斯堪的納半島國家科學家比例甚高。原因很簡單，因為當時主要的提名人，多是北歐國家的科學家，也就是說，諾貝爾獎是由人來挑選，不是「天縱神授」，內裡的偏失執念，如何能免，也從來沒少。

我們可以舉一些例子來說明，二十世紀公認貢獻最深遠的物理學家愛因斯坦，是在連續提名了十年，提名多達六十人次之後，才在一九二一年獲獎，他的得獎卻也不是一般知之甚廣的所謂相對論，而是光電效應。德國的大物理學家索末菲（Arnold Sommerfeld）和法國大物理學家龐加萊，分別提名七十三次與五十一次之多，雖說都沒有獲獎，卻無損他們在科學上的至高地位。

上世紀九〇年代，我在瑞典聽到當時擔任諾貝爾物理委員會執行長巴瑞尼（Anders Bárány）說起，到一九六〇年代以前，幾乎沒有瑞典以外的人士受邀提名得主，也頗感意外。這自然影響了得主的普遍性，由諾貝爾獎解祕過往的給獎檔案，也看出受邀的少數法國化學家，提名的化學獎得主，絕大多數是法國科學家，正顯現出由人決定的諾貝爾獎，不可避免的人性影響因素。

目前諾貝爾獎每年會邀請全世界三、四千有代表性的科學家參與提名，根據上世紀八〇年代的資料，每年受邀提名人會有三、四百封回信，推薦兩百名左右的候選得主，然後再由諾貝爾科學獎項的五人委員會，進行調查核實，最後在十月初由瑞典皇家科學院院士開會通過後宣布。當然一百二十年來，諾貝爾獎審慎將事，巴瑞尼也告訴我，他們的網路與外面分立隔絕，提名審核作業也極端保密。大體上來說，獲獎的得主大多實至名歸，是運作成功的道理之一，儘管如此，卻依然免不了偶有遺珠，要有紛爭、悲劇，甚至法律訴訟。

如果就物理科學來說，在上世紀五〇年代就有幾樁。我們比較熟知的，應該是一九五七年頭兩位中國物理學家楊振寧與李政道得到諾貝爾獎，當時率先以實驗證實理論猜測的吳健雄，卻出乎意外沒有列名其中，原因說法很多，一直到今天還是個羅生門。諾貝爾獎有個頒獎五十年後可將給獎資料解密的規定，但還有一個但書，就是關係人都不在世，現在距一九五七年雖說已過半世紀，唯受限於但書，資料還不能公開。

另外則是兩年之後的一九五九年，吳健雄在加州大學柏克萊的老師賽格瑞（Emilio Segrè）與張伯倫（Owen Chamberlain）以實驗發現反質子存在的證據得獎，當時也在柏克萊的另位物理學家皮契歐尼（Oreste Piccioni）表示，整個實驗構想最早是他想出來的，皮契歐尼因此向法院興訟，控告得獎兩人剽竊他的想法。上世紀九〇年代在義大利西西里島「埃托雷・馬約拉納科學文化中心」的會議上，我遇見皮契歐尼，他還餘怒未消。

一九七四年因發現脈動星而與另一位科學家共同獲獎的休威（Antony Hewish），事實上發現工作是休威的女學生貝爾（Jocelyn Bell）做的，論文也是兩人領頭具名，但頒獎名單中沒有貝爾，因而引起爭議，甚至扯出性別歧視問題。

一九七九年溫伯格（Steven Weinberg）、薩蘭姆（Abdus Salam）和格拉肖（Sheldon Lee Glashow）因分別發展出統合「電磁」與「弱作用」的「電弱理論」而得獎，這個理論在物理科學上影響比較大，因此更受關注。然而，三人獲獎後最早與薩蘭姆合寫論文的物理學家瓦德（John Ward），十分不滿，認為自己最早與薩蘭姆合寫論文討論理論統合，也應獲獎。諾貝爾獎其實還有其他的爭議，也都說明了其難免的人為偏好。

二〇二〇年諾貝爾化學獎則是創下一百二十年的紀錄，頒給夏彭蒂耶（Emmanuelle Charpentier）和道納（Jennifer Anne Doudna）兩位女性得主，因為這是頭一次在一個獎項的合得得主全頒給女性，如果加上物理獎中的根策爾（Andrea Ghez），今年一共有三位女性科學家獲獎，難說全然沒有近時「女權政治正確」的影響，如果回顧一九五七年吳健雄的未獲諾貝爾獎青睞，也讓人感慨時移勢異的命運弄人。

其實二〇二〇年的化學獎還有些爭議。二〇二〇年化學獎頒獎的工作，是一種基因編輯技術，這種技術的起始雖說歷史長久，但在近年才發展出確實可用的方法，由於這種技術在生物醫學應用甚大，為此種技術發現優先的專利權紛爭，也鬧了好幾年。

另一位公認也有關鍵貢獻的科學家張鋒，不但與兩位女性得主有專利權的競爭，相信也是二〇二〇年諾貝爾獎的競逐者，因為在其他有代表性的科學獎項，張鋒與夏彭蒂耶和道納曾是共同得主，一位對生醫領域認識較深的朋友說，道納在哈佛大學的兩位老師俱是諾獎得主，「朝中有人」不言可喻。

公認為二十世紀偉大數學家的陳省身說得好，「數學幸好沒有諾貝爾獎，少了許多紛爭。」

阿提亞和數學裡的那些事兒

數學家常給人遠離俗世的印象，他們活在一個抽象的數學世界，自得其樂，因此一般來說，數學家在社會上也較少引起關注或討論。不過二〇一九年初英國數學家阿提亞（Michael Atiyah）的去世，倒是引起比較大的社會關注，因為他不只曾經擔任過夙負盛名的英國皇家學會會長，也公認為是自牛頓後三百多年來，再次展現數學與物理結合的偉大數學家。

牛頓之所以會公認為是近代科學的啟鑰之父，主要就是他所發展出來的數學原理，對於宇宙物質中的物體和行星運動，甚至光學現象，都能展現出驚人準確的描述與預測，這也正是近代科學能夠超越過往的宇宙自然哲學，成就往後幾百年人類主流宇宙思維的道理所在。

英國大經濟學家凱因斯（John Keynes）研究牛頓的《原理》巨著，後來在所寫的〈牛頓，這個人〉（Newton, the man）中說，「牛頓不是理性時代的第一人。他是最後的一個煉金術巫師、最後一位巴比倫和蘇美人、最後一個偉大的智者，他看待周圍世界與智識世界，和幾千年前建立我們知識遺產的那些人的眼光是一樣的。」在這裡要特別提醒一句，凱因斯所說的「我們的知識遺產」，指的是近代西方由希臘所承傳的「他們的」知識遺產，與我們所承傳的智識文化遺產，是很不一樣的。

牛頓在數百萬言的《牛頓全集》之中，有許多神祕玄想，也十分著迷於煉金之術，牛頓的天才是在這些哲思冥想之中，發展出一套深刻的數學原理，可以準確描述許多物理科學的現象，然而牛頓發展這些嚴整數學原理的動機，卻是想要證明，他所信仰上帝的合理性。他所說的「通過事物的現象瞭解上帝，非自然哲學莫屬」，正是此意。

數學與物理的關聯，在往後的科學歷史中，雖說不絕如縷，然而如牛頓當年所建立起的數學與物理關聯的大格局，並不常見，這當然也就是阿提亞受到特別推崇的道理。一般認為，牛頓與萊布尼茲（Gottfried Leibniz）所開創的微積分，在數學與物理間所建立的橋梁，正如同艾提亞和另位大數學家辛格（Isadore Singer）所提出指標定理，為二十世紀下半葉數學與物理帶來重大影響。

阿提亞是一個早慧的數學天才，他的父親雖出自阿拉伯血裔，小時他也曾經隨父親的外交使節工作，在開羅唸過中學，但是後來他隨父母回到英國，便在劍橋大學得到數學博士學位。阿提亞早期的工作是在數學的拓撲方面，一九六〇年代，他和辛格開始合作工作，其中影響最大的就是指標理論，到七〇年代中期，阿提亞發現到物理學家在研究量子場論時，用的數學其實與他們的指標理論十分類似，於是他們同物理學家交流，也逐步發展出目前物理領域中一個高維度數學形式的弦理論。

弦理論是一個以高維次（十一維）數學結構來描述物理世界的理論，雖說就某一個層面而論，解決了量子理論的大問題，但是由於其構思是由數學推論入手，離開物理現象太過遙遠（十一維數學的難以描摹，有點類似只有平面的二維空間不能想像三維空間還有上下自由一樣），因此許多大物理學家都不看好這個理論。

不看好弦理論的大物理學家之中，楊振寧是一個代表人物，他常公開表示，不支持做弦理論的研究，也有人質疑他，說他自己最重要物理工作的「楊—密爾斯規範理論」，不也是一個純粹抽象的數學嗎？楊振寧回答，楊—密爾斯規範理論是由電磁理論出發，與弦理論的純粹由數學推衍而來，大不相同。

另外一位與楊振寧惺惺相惜的大物理學家戴森也認為，儘管阿提亞和辛格在弦理論所做的工作，都有深刻的數學意義，但是對於同樣投入弦理論的其他許多理論物理學家的工作，卻表示憂慮，因為那些工作都可能在一夕之間淪為空談。問題在於，那些推論多流於空泛。

因為阿提亞的數學工作顯現出與物理的深刻關聯，楊振寧與阿提亞便有較多的來往交流。二〇〇四年我在中研院幫忙科學教育事宜，經由楊振寧介紹，在英國愛丁堡大學見到阿提亞，同他交換對於科學與不同文化的看法，由於他父親來自阿拉伯血裔，也特別談到中世紀伊斯蘭文明對於近代科學的重大貢獻，只可惜那個談話還沒有機會發表出來。

記得那回在愛丁堡見到的阿提亞，一如一般對他的描述，是一個開朗樂觀的人，不同於一般數學家給人的疏離形象，他熱烈的關心世事。一九九〇年開始，他曾經擔任五年的英國皇家學會會長，一九九七到二〇〇二年他也成為帕格沃什科學和世界事務會議的會長，積極投入化解世界的衝突爭端，同時他持續的在數學領域中耕耘，開展出一項又一項的數學理論新境，也得到世界最重要的幾個數學大獎。

二〇一八年九月，阿提亞拋出一個令數學界振奮的消息，那就是他解決了十九世紀德國大數學家黎曼留下來的一個難題：也就是關於質數分布問題的「黎曼猜想」。

黎曼猜想是什麼?莫說我說不清楚，就算我想說清楚，恐怕也沒幾個人能瞭解到底是怎麼回事。

一般都說黎曼（Bernhard Riemann）是十九世紀的德國大數學家（雖說那時候還沒有德國），以前我唸數學系的時候，記得的一個名詞就是黎曼積分，我其實沒真正的弄清楚過黎曼積分，對我來說那只是一個數學惡夢，不過那是我因無知而自找的。

黎曼猜想是他留給後世的一個難題，是與質數有關（想知道什麼是質數？就是如3、5、7、11、13等一些除了1與其本身外，不能被其他正整數除盡的數字，打呵欠了？）黎曼在一八六六年去世，留下許多影響後世甚巨的數學成果，黎曼猜想是討論與質數分布有關的問題。

比較小的質數雖然很容易找到，但是它是如何存在或分布，則是數學家一直想瞭解的問題，大數學家黎曼自然也不例外。黎曼死前留下的所謂「黎曼猜想」，就是指出質數分布的奧祕，事實上完全藏在一個特殊的函數之中，那個函數現在就稱之為「黎曼函數」。

黎曼的這個數學大突破，是他在去世的七年前寫的一篇八頁文章中公布，但是黎曼的文章簡略到了語焉未詳，許多關鍵之處，他只以證明從略帶過，結果卻讓後世數學家花了數十年時間來補足。然而其中最是關鍵、解答質數分布的「黎曼函數」問題，卻一直沒有辦法解決，因此有人懷疑黎曼也未知其解，才會含混帶過，所以就將之稱為「黎曼猜想」。

黎曼猜想在數學上具有難度最高峰的地位，一九〇〇年德國大數學家希伯特（David Hilbert）曾提出數學上的許多難題，一百年後美國的克雷數學研究所（Clay Mathematics Institute）懸賞一百萬美元，給任何能解決他們所提出七大數學難題的人，而希伯特與克雷數學研究所同樣都提出的數學難題，就是黎曼猜想。

一百五十九年來黎曼猜想雖然沒有被證實，卻也不是沒有進展。數學家與登山家也許有類似之處，有時如果由一條路無法登頂，他們會另尋蹊徑，一百多年來，一些數學家另尋蹊徑的辦法，就是去證明黎曼猜想一直到相當大的數字都是對的。

在這許多努力攀頂的數學家中，比較出名的有曾經寫過《一個數學家的告白》（*A Mathematician's Apology*）的英國大數學家哈代（Godfrey Hardy），哈代的工作是與另一位英國數學家李特伍德（John Littlewood）合作完成，書中對於哈代和李特伍德合作關係的一種隱喻式描述，可以說正是數學界裡一些人性問題的告白。數學家因研究問題的超乎物外，總給人不食人間煙火的印象，數學家時常也自我感覺良好，但是數學之所以能由「哲思」脫穎而出，甚至贏得「科學之母」

的稱號，卻是拜其能在科學實用方面帶來的效用所致。

譬如公認為近代科學開山祖師的牛頓，原先他只是埋首於二項式以及後來的流數法（現在稱為微積分）的數學研究，後來發現，這些數學在他研究的天體行星運動以及光學方面帶來極大作用，數學的地位自然也就水漲船高。

在美國普林斯頓高等研究院的知名全才學者戴森，一般認為是相當有貢獻的大物理學家，我寫《楊振寧傳》時訪問他，他推崇楊振寧的物理成就，因為他認為自己數學才分高於物理。在黎曼猜想的求解途中，有位攀頂數學家碰到戴森，戴森當時就發現，黎曼函數與物理研究中的原子能級分布有驚人的類似，可說再一次顯現出看似抽象無由的數學，似乎隱藏著透視自然的密碼。

二〇一八年阿提亞的聲稱解決了黎曼猜想，雖然引起世界上一些數學家的熱烈討論，但是，那年九月他在德國海德堡的數學得主會議上宣布的證明，並不完整。楊振寧在給朋友的電子郵件中認為，阿提亞弄混了問題，但也不忘特別加上一句，稱讚阿提亞是二十世紀的偉大數學家。

阿提亞對新的構思一直抱持樂觀態度，他說的很好，科學家有他們的信心，這些信心不一定合理，但是它們是有用也實際的，日升日落，信心常存。

阿提亞在生命的最後還致力於解決數學的世紀之謎，他雖沒有成功，但是也並沒有失敗。

此次黎曼猜想求解事件，讓人想起另外一個「龐加萊猜想」的求解歷史。龐加萊猜想是超過百年的數學難題，也在克雷數學研究所懸賞百萬美元求解的問題之列，結果被俄國數學家佩雷爾曼（Grigori Perelman）解決了。特別的是他解決龐加萊猜想之後，只是把結果公布在網路上，完全不理會數學界汲汲營營於名聲的爭吵。他還拒絕接受二〇〇六年代表數學最高榮譽的菲爾茲獎（Fields Medal），也沒有領取克雷數學研究所的百萬獎金，或回到他應邀到美國訪問幾年前所在的聖彼得堡的數學研究所，過著收入有限的生活。

佩雷爾曼曾經委婉談到他在美國數學界經歷的一些學術虛名印象。俄國數學家格羅莫夫（Mikhail Gromov）說得很好，「要做出偉大的工作，你必須保有一個純淨的思維。你只能想數學，其他事都是人類的弱點。接受獎項正是顯出一種弱點。」

科學推手邱吉爾與賈文

二戰時期領導英國對抗德國的首相邱吉爾，留給世人的外在印象，是常拿著雪茄菸的肥胖身軀，他是有名的飽學之士、雄辯滔滔的政治領袖，也是運籌帷幄的軍事家，他甚至還著作等身，以《第二次世界大戰回憶錄》（*The Second World War*）獲得諾貝爾文學獎。最近有一新發表的文章，披露邱吉爾在科學方面的視野，更增添了這個二十世紀歷史代表人物的文化深度。

在美國密蘇里州富爾頓市，有一個國立邱吉爾博物館，富爾頓市會有如此一個博物館，主要因為邱吉爾一九四六年在富爾頓市威斯明斯特學院發表演講，首先提出「鐵幕」降臨歐洲大陸，喻示了冷戰的開始。到了六〇年代，原來在倫敦已毀壞的一個十七世紀的老教堂，復舊在威斯明斯特學院的校園裡重建起來，並在教堂下方建了一個邱吉爾博物館，成為北美洲最重要的邱吉爾資料庫。

邱吉爾早年在英國海外殖民地有軍旅生涯，也做過新聞記者，見聞興趣廣泛，寫過許多報導和人生經歷的小說，聲名大噪，後來競選成為議員也擔任閣員。一九三一年五十七歲的邱吉爾寫過一篇文章，已經討論利用氫原子產生能源的核融合反應，當時與他討論此問題的好友，就是他做首相時的科學顧問林登曼（Frederick Lindemann）。二戰期間邱吉爾的支持讓英國雷達發展成功，他喜歡討論如何利用統計學來截獲德國潛艇，弄得空軍司令官抱怨質問他，到底打仗是用武器還是計算尺，邱吉爾卻說，「讓我們試試計算尺」。

在二〇〇七年的一篇文章中，富爾頓市國家邱吉爾博物館的館長公開了一份邱吉爾的手稿，這份手稿是一九三九年邱吉爾為一家報紙撰寫，到一九五〇年代修訂後交給他的出版商，題目定為〈我們是獨自在宇宙中嗎?〉（Are we alone in the universe?）。這篇文章當時並沒有公開，一九八〇年代出版商的太太將打字手稿捐給博物館，上任的新館長去年才發現了此一文稿。

這篇十一頁的打字稿，邱吉爾談論所謂「在浩瀚宇宙中，人類地球不應該是唯一存在」的「哥白尼原則」，談生命的「繁衍與擴散」，談到水對於高等生命的必要性，談到宇宙星際生命可以居住區域的條件，及行星引力對於維持大氣層的作用，並據此結論在太陽系中，火星和金星是兩個可能有生命的行星。

邱吉爾也討論太陽系外其他存在生命行星之可能，討論行星的形成條件，認為在太陽系外星際有適宜生命存在行星是可能的，但因距離遙遠，我們也許永遠無法知道真實情況。邱吉爾的文章顯現他對於天文科學的興趣，也看出他對於二十世紀上半如哈伯（Edwin Hubble）等一些天文學家的宇宙思維有深刻認知。

邱吉爾涉獵廣博，他也是英國頭一個聘任科學顧問的首相，也有認為邱吉爾塑造對科學的友善環境，建立起英國科學研究的良好組織架構，使英國後來在分子遺傳學及X光晶體學方面獨步全球。

二戰後，美國很快超越二戰前的歐洲，成為世界科學的領先國家，二〇一七年有一本科學人物傳記，描繪一個特別人物對美國科學進展及科學顧問方面的貢獻，這本書討論的主角是賈文（Richard Garwin）。賈文是一九四九年在芝加哥大學得到物理學博士，他在大科學家費米指導下，只用兩年就完成博士研究。費米是二十世紀的偉大物理學家，在理論和實驗物理都有深刻造詣，但是在費米口中，賈文是他所碰過的真正天才。

這個天才五〇年代在紐約市的哥倫比亞大學待了幾年，曾經與另一物理學家共同完成一個很巧妙的實驗，進一步佐證吳健雄率先完成宇稱不守恆實驗的可靠性，使得楊振寧與李政道當年就得到了諾貝爾獎。不像與他合作的哥大物理學家萊德曼（Leon Lederman），留在物理實驗領域孜孜矻矻，終於拿到了諾貝爾獎，賈文因為不喜歡物理科學實驗團隊愈來愈龐大的生態，棄職而去了ＩＢＭ公司擔任顧問。

賈文沒有虛擲他的天才，他受到各方倚重，找他提供諮議，冷戰期間的核武發展到衛星情報偵測技術，都有他的參與。他反對美國投入後來英國與法國合作發展的超音速客機；在雷根政府時代，他也反對反彈道飛彈的「星戰計畫」；他一直參與各階段的限制核武條約。美國有一個十分出名的國防顧問精英小組「傑生」（JASON），賈文是其中成員，另外一個有名的成員，便是深具人文素養的著名物理學家戴森。

賈文最為人稱道的，是他的凡事出力而不居功，而且安之若素，也因此這本以賈文為主角的書雖然用了《真正天才》（*True Genius*）作書名，卻有一個副標題是「你從未聽說的一個最有影響力的科學家」。

包括科學的任何一個文化知識發展，都需要一個內涵深厚的文化社群，並非只靠一些所謂的技術專家，這由賈文的科學生涯可以看出。

邱吉爾也一直以人文價值來考量科學問題。一九四九年邱吉爾在美國麻省理工學院說的很好，「如果有豐沛的近代科學，卻無法挽救世界的饑荒，我們都應該受到責備。」

楊振寧和物理啟示錄

楊振寧與賈文同時在芝加哥大學，同樣跟隨費米學習物理，也都在科學方面有過人的天分。兩人我都有過許多接觸，但他們在各自文化中的處境卻很不同。

楊振寧一直在美國做理論物理研究，他雖然得了諾貝爾獎，但他不喜歡物理研究的發展生態，也不喜歡物理研究的一些熱門方向。他在得諾貝爾獎之前做的一項工作，當時是冷門的形式，後來卻蔚然大成，成為物理理論的一個基石，使楊振寧成為二十世紀的大物理學家。因為對物理的主流領域有另類看法，楊振寧由七〇年代到最近幾年，都一貫的反對中國投入熱門的超大加速器實驗，也讓許多中國的物理學家對他不滿。

二〇〇二年我寫成了《楊振寧傳》出版，數年來不只楊振寧的個人生活有許多改變，世界大勢與科學面貌也大不同前，因此當出版《楊振寧傳》的天下文化提議再出一個增訂新版，自是欣然同意，為此替新版增寫了一篇「後記：東籬歸根」，其中不只有楊振寧的生活改變，特別也由他對於科學的一種價值論斷，討論科學本質的變貌。

楊振寧在一九五七年得到諾貝爾物理獎，他是最早得到諾貝爾科學獎的兩個中國人之一，當年他和李政道的得獎（兩人當時皆持中華民國護照），可是華人世界的轟動大事。一些根深於我們文化中的自卑情結，其實來自因科學上不如人而造成的百年來屈辱與挫敗，因此科學在華人文化中，不止是一門知識學問，更是進步與落後分野的標誌，五四運動以來的「科學進步觀」，最是代表。楊振寧曾經說過，他得到諾貝爾獎「幫助改變了中國人自覺不如人的心理」，也是其意。

這些年來楊振寧的生活有了很大的改變，一般人最是關注的，當然還是他二〇〇四年與年歲懸殊的翁帆再婚，以及當年他離開求學、成家、立業五十八年的美國，回到童年生長的北京清華校園，甚至放棄美國國籍，完全回歸中國。如他援引陶淵明詩句以「東籬歸根翁」的自況，更有人生歷史上的特別意義。

楊振寧在科學上的地位，可說早有定位。一般對物理涉獵較多的人都知道，楊振寧堪稱為一代大科學家，主要緣於他在獲得諾貝爾獎前三年所做的一項工作，物理上稱之為「楊—密爾斯規範理論」。楊振寧初提出這個理論，雖說由兩個有實驗基礎的觀念入手，卻是一個數學入手的推演，頭次發表時還受到大物理學家鮑立的當場質疑，但是楊振寧從未懷疑那個理論的價值，因為不只其數學想法美妙，且出自電磁場論的基礎。幾十年後楊—密爾斯規範理論逐漸顯現它能在更廣泛層次，統合解釋物理基本作用的能力，也建構起往後幾十年基本粒子物理中「標準模型」的理論架構。

如果用比較通俗的說法，楊振寧獲得諾貝爾獎的「宇稱不守恆」，就物理科學的探索深度以及科學歷史上的重要性來說，與楊—密爾斯規範理論都相去甚遠。美國歷史最悠久的富蘭克林學會，一九九四年將他們地位崇隆的鮑爾科學成就獎頒給楊振寧，給獎頌辭即說：「在過去四十年當中，楊—密爾斯規範理論已深刻重塑了物理與近代幾何的發展，可以與麥克斯威和愛因斯坦的工作相提並論，對於未來世代必將有著足堪比擬的影響。」

楊振寧在物理科學上的地位，不止於他在楊—密爾斯規範理論一項工作中的思想深度，也來自他半個多世紀物理工作所展現的深邃且精簡的美妙風格。

一般公認，二十世紀有三位一流的理論物理學家，他們的理論工作都展現出精簡美妙的數學結構，這三位理論物理學家中最年長的是愛因斯坦，愛因斯坦之後風格最像愛因斯坦的是英國大物理學家狄拉克，狄拉克之後風格最像狄拉克的就是楊振寧。

狄拉克曾經說，「一個數學結構很美的理論，比起一個數學結構醜卻符合一些實驗數據的理論，更可能是對的。」可以說正是楊振寧以數學美感衡度物理工作價值信念最好的一個注腳。

在楊振寧「東籬歸根」的歲月中，他出版了兩本著作，二〇〇八年的是《曙光集》，二〇一八年再出了《晨曦集》，這「曙光」與「晨曦」之名，都是楊振寧看到中華民族走過百年挫敗長夜，迎來光明景象的心情寫照。

在這兩本著作中，收錄了許多展現楊振寧對於科學評價歷史視野的文章，

《晨曦集》中有二〇一五年楊振寧在新加坡「楊—密爾斯規範理論六十年」會議發表的〈物理學的未來　重新思考〉一文，這個文章不只回顧一九六一年他在麻省理工百年校慶論壇發表的〈物理學的未來〉反思，也檢視物理學的過往與未來，他羅列近半世紀物理基本理論的重要進展，但是對於人類是否有能力真正參透宇宙奧祕，卻是悲觀的。無論贊同與否，毫無疑問的，這篇不長的文章，未來將會是物理歷史中的不朽文獻。

在《晨曦集》中的頭一篇文章，是楊振寧二〇〇二年在巴黎國際理論物理學會議發表的〈二十世紀理論物理的三個主旋律：量子化、對稱性、相位因子〉，文章後面楊振寧特別還寫下一個附記，對於二十一世紀的物理學提出一些猜測。他認為，「由於人類面臨大量的問題，二十一世紀物理學很可能被各種應用問題主導。這些當然非常非常重要，但是與二十世紀的主旋律相比較，它將缺乏詩意和哲學的品質。」

楊振寧在科學生涯的後期，與愛因斯坦有著類似的心境與處遇。愛因斯坦晚年對於當時風起雲湧的量子力學的質疑，引致許多科學家的不滿與譏諷，是科學史上熟知的事；楊振寧多年對於物理科學的反思評斷，尤其近時對於中國一些中生代科學家倡議大科學計畫的反對，也遭致了怨懟不滿。是不是愛因斯坦與楊振寧都患上了老人的毛病，緬懷故往而不能瞻望未來？

如同楊振寧說的，二十一世紀科學將面對人類更多的應用問題，但是看近時流行疾疫中科學給我們帶來的救贖，希望中混雜著更多的未知與恐懼；看楊振寧對於物理學中一些數學玄論的不信，以及一位誠篤的物理中生代友人，談起當前舉世爭逐暗物質等研究的惶然無奈。

見微知著，那些不只有數學美感，也帶著詩意與哲學品質的宇宙思維，也許正是當前物理科學體制裡所欠缺的。

霍金的名聲與評價

舉世聞名的英國宇宙論學家霍金在二〇一八年三月去世，引起許多對於霍金社會名聲與科學評價的討論。到底應該如何評價科學家、一個科學家的社會名聲與科學貢獻如何衡度，在一個社會傳播日益繁複，科學知識日漸玄奧難解的時代，也就益發的顯現出它的困境。

霍金或許是一個好的例子。他在世之時因罹患肌肉神經萎縮症，臥病多年，但是在綿長的五十五年時間中，霍金卻展現驚人的意志力，不只持續工作，思考構建宇宙發展理論，還著作出書，暢銷全球，他的社會名聲自是無與倫比，因此他的科學貢獻也就受到更高的評價，許多拿他與二十世紀公認的偉大科學家愛因斯坦，相提並論，甚至提出他去世之日是愛因斯坦的生日，援比之意十分明顯。

霍金自己並沒有與愛因斯坦援引類比，而在一般科學領域，也多半不以為他可與愛因斯坦相提並論，但是若以在世時的名聲來看，霍金自然是猶勝一籌的。愛因斯坦在初提廣義相對論之後，其實批評之聲甚多，一些人不相信他的推論，其間有許多爭議，一時沒有定論。在科學歷史上，一九一九年英國劍橋大學天文物理學家愛丁頓帶領一支探測隊，在西非洲外海觀測那時的一次日食，可說具有關鍵意義。

愛丁頓當時想法的核心，就是如果依照愛因斯坦的廣義相對論，時空可以用一個幾何形式描述，引申出的引力時空效應，簡單說，就是引力會造成光的彎曲。愛丁頓的思考很清楚，如果存在如此一種效應，利用日食的機會，便可以探測到可能存在太陽背後遠方一顆恆星的光線。後來的故事告訴我們，愛丁頓探測隊對著暗蝕太陽拍攝的照片，確實顯現出其背後遠方的恆星，代表了這樣一種光線彎曲現象是真實的。

當年愛丁頓是在倫敦英國皇家學會宣告他們的探測結果。英國科學哲學大家懷海德曾經說，當時宣告愛因斯坦主張光線經過太陽附近會發生彎曲預言的正確，那種興高采烈的場面，展現出來是一種希臘悲劇的氣氛。他的意思是，就如同希臘悲劇展現的一種不可改變命運，就是宇宙有命定的規律。

因著這個探測結果，愛因斯坦與愛丁頓都聲名鵲起，兩人在科學上的歷史地位也更加顯赫。後來科學史研究的結果卻顯現，愛丁頓一九一九年的攝影照片，其實不足以得到確切的結論，原因是當時他們使用的照相底片，感光可接受的溫度誤差是華氏十度（約攝氏五點五度），但是探測地點的晝夜溫差卻有華氏二十二度（約攝氏十二點二度），也就是說那個照相底片的感光影像，並不具備佐證愛因斯坦相對論推測的可靠效力，那麼，當時人們為什麼會接受這個結果呢？

這個科學歷史公案，說的是科學理論是否得到社會認可，總不可避免受社會人為建構因素的影響，也就是說，理論思維的獲得接納，需要有外在客觀條件的支持，在這裡，社會名聲與科學貢獻便有了十分微妙的關聯與分野。

霍金的科學貢獻在科學界有一些說法，因為霍金談論問題的規範太大，論斷究竟並不容易，也就引起許多討論，但是在社會名聲來說，霍金顯然有著無出其右的地位，因此也就引來社會用一個不世出科學天才的角度評價他。就某一個社會意義來說，這並不是悖逆常軌的，因為這正反映出近世社會對於科學家，以及科學家對於自我的一種認定。

我們且不去說科學家在其他社會的地位，只看我們社會對於科學家的看法。對中華文化來說，科學是一個外來事物，這個源起於歐洲的宇宙思維，雖說已得到某種普世的認同，但是以目前探究科學本質的看法，都同意此一宇宙思維與歐西或基督教文明有其深刻糾葛與文化承襲，歐洲因著此一思維勃興擴張，對於我人帶來的直接影響是挫敗屈辱，更深一層是對於科學的一種全面揄揚。

在如此一種文化信念氛圍之下，科學家在我們文化裡，也就有了一種完美的形象。所以在談論科學家的文字或傳記之中，不自覺的會落入一個聖徒傳式（hagiographic）的風格，這回霍金去世後的許多文章，正是一個很好的例子。當然霍金罹病癱瘓，臥病中依舊構思宇宙，創作不懈，對於生命帶來的啟發意義，更使他有了聖徒式的形象。

二〇一四年在台灣上演過，談論霍金的電影《愛的萬物論》（*The Theory of*

Everything），主要是根據霍金第一任妻子珍的回憶錄。與霍金維持三十年婚姻，生下三個孩子的珍說，到八〇年代霍金已經舉世聞名，她掙扎於霍金的盛名與護理助理之間，唯一的角色只是提醒霍金「他不是上帝」。霍金與珍的婚姻從一九六五年持續到九五年，因為霍金與照顧他的護理師伊蓮發展出了感情，提出離婚。

科學家不是也不需要是個完人，霍金不是，愛因斯坦也不是。透過二〇一七年國家地理頻道播出的談論愛因斯坦影集《世紀天才》（*Genius*），許多人才認識到原來愛因斯坦不關心孩子、不關愛妻子，年輕時常是言語尖苛傲慢，但是愛因斯坦的科學貢獻，確是曠古爍今的。

那麼霍金的科學貢獻如何？這可以借用一個故事來討論。上世紀四〇年代，現在公認是世界頂尖理論物理學家的戴森，帶著康乃爾大學一些年輕學生做出量子電動力學的一個工作，他寄給舉世公認的大物理學家費米，卻沒有得到回音，一次到芝加哥大學時便去問費米，費米告訴戴森，一個好的（或是有道理的）物理理論要有兩個條件，一是數學結構嚴整，另外是要有一個清楚的物理圖像。

一般認為，霍金最重要的理論工作，譬如說「宇宙奇點」和「黑洞輻射」，如果以「費米標準」衡量，都有相當嚴整的數學結構，但是在實證層面的物理圖像，當然不易釐清。

霍金的舉世盛名，不止因為他在具備科學家身分的同時，又有一個奮鬥不懈的勵志生涯。科學給人類帶來超乎想像力的宇宙玄思，對抗有限生命的勇氣，也給人類帶來超越凡塵的勵志啟示，價值是等量齊觀的，就這一點，霍金實至名歸。

葛爾曼的天才與傲慢

一九六九年諾貝爾物理獎得主葛爾曼（Murray Gell-Mann）在二〇一九年五月二十四日去世，距他出生九十年。葛爾曼可說是戰後美國理論物理燦然大起的幾個代表人物之一，他們那個世代的幾位理論物理學家，創造了美國與歐洲平起平坐，甚至後來居上的物理科學新局面，他的去世也代表著這個世代的終結。

那個世代的幾位最好的理論物理學家，有一般社會上最是耳熟能詳的費曼（Richard Feynman），有物理科學莫札特稱號的許溫格（Julian Schwinger），葛爾曼比他們兩人年輕超過十歲，卻是有著相稱貢獻的理論物理學家。葛爾曼不像費曼那樣天才奔放，沒有費曼的許多奇聞軼事，傳頌坊間，他的文章也不像許溫格那樣數學精練求全，但是他的想像創意，確實是給物理理論開展了一片新天地。

葛爾曼這一世代的物理學家，出生於二十世紀量子力學萌生的年代，他們雖說沒有趕上那場物理科學的大革命，但是卻替那個開闢物理新視野的量子力學，添加了許多堅實的理論支架，讓那個理論更具備了精準描述物理現象的能力。

葛爾曼在物理科學上的代表性貢獻，一項是他在一九五〇年代末摸索而得出的所謂八正道，那是規範當時基本粒子特性的一個結構表，後來葛爾曼便在這個架構基礎上，開展出了「夸克模型」，提出夸克是構成如中子、質子的基本結構，葛爾曼提出的是三種夸克的模型，當時同樣也有其他物理學家提出類似的想法，而葛爾曼是先行者。

夸克（quark）這個奇怪的字眼，是葛爾曼由以文體晦澀著稱的愛爾蘭小說家喬伊斯（James Joyce）小說中攫取而來，這正顯現了葛爾曼喜好賣弄知識的個性。葛爾曼不但在物理科學上天才早慧，他二十二歲就唸得了博士學位，在其他領域方面，也有過人的知識涵養，譬如他對於一些植物名稱、考古以及一些少數語系的語言，都有獨到的見識，而且他不但不會謙虛，還特別喜歡在人前賣弄他的知識能力，顯現他的優越之處，甚至常喜歡使人難堪。

葛爾曼的這種個性，讓他在物理圈中，成為有名的難以相處的人物，也因此與一些物理學家有著不睦的關係。在物理科學方面，葛爾曼常有新鮮的點子，他會去同別人討論，但是由於很怕發表錯誤的文章，因此文章寫得很慢，但是有時一旦別人發表了文章，他老會說那是他的想法，因此他與另一位猶太裔物理學家派斯（Abraham Pais），便因此有些嫌隙，讓葛爾曼自覺受到委屈。

另外一個故事是與楊振寧和李政道有關。一九五六年楊振寧與李政道寫出了後來讓他們得到諾貝爾獎的論文，那時候在加州理工學院的葛爾曼，在加州理工學的一個會議中，一面開會一面研究了楊、李的論文，然後他在黃色有橫條的筆記紙上，用鉛筆寫下一封他評論楊、李論文的信，請去加州開會的著名物理學家戴森帶給楊振寧，葛爾曼並且在這封信的第一頁上寫著，「法蘭克．楊，請在這封信送去發表以前，給我你的評論。」法蘭克是當時楊振寧用的英文名字。

楊振寧說，葛爾曼會寫那封信，其實是他沒有把問題給弄清楚的緣故，因此楊振寧和李政道就共同寫了一封信給葛爾曼，指出他對事實認知的錯誤，葛爾曼很快也認識到自己所犯的錯誤，因此在楊、李寫信的同一天，由加州理工學院給楊振寧寫了一封信，承認自己上一封信的錯誤。

其實這還不是葛爾曼頭一回找楊振寧和李政道的麻煩，在那一年稍早一些時候，葛爾曼就對加州柏克萊的一個物理學家說，楊、李寫的一篇關於重介子質量問題文章的概念，是從他那裡學去的，葛爾曼還說了「告訴那些中國男孩，不要隨便剽竊我的想法」之類的話，楊振寧說他聽說之後勃然大怒，立刻給葛爾曼寫了一封信，警告他不要隨便亂說話。

葛爾曼個性尖銳難處，但是毫無疑問是絕頂聰明。一九五四年大物理學家費米重病在醫院，他要去探費米的病，特別找楊振寧同去，他們看到病篤的費米，都有難言的傷感，離去時費米在他們身後說，「我把物理託付給你們了。」是一個傳頌甚廣的故事。

楊振寧在普林斯頓高等研究院停留了十九年，期間有一次高等研究院的院長歐本海默隨口說要請葛爾曼來，楊振寧沒有說話，後來歐本海默又提出要葛爾曼來的想法，楊振寧說他就表示葛爾曼很難相處，如果葛到高等研究院來，楊說他就會離開，因此歐本海默就沒再提此事。這個故事的原委，是二〇一九年六月我在北京清華大學同楊振寧見面時，他親口告訴我的。

我與葛爾曼有幾次接觸。頭一回就是一九九四年，在義大利西西里島艾瑞契那個由修道院改成的科學中心，葛爾曼在粒子物理發展歷史會議上，做主題報告，但是他行程很趕，我本來想同他談談都不可得。

不過他第二年就到台灣來訪問，他來訪的一個原因是接受中原大學頒授榮譽博士學位，另外他寫的書《夸克與捷豹》（*The Quark and the Jaguar*）將在台灣出版中文版。我與這一回安排他來訪的物理學家朋友，特別到飛機場迎接他，也進行一次難得的訪問，結果在機場還發生了一個小插曲。

由於葛爾曼是有代表性的大物理學家，因此台灣另外一家報紙的記者也在機場要訪問他，由於那位記者對物理不熟悉，因此她問了幾個問題，都是由安排葛爾曼來訪的物理學家翻譯，其中葛爾曼說二十一世紀物理將進入「超弦」（superstring）理論時，因為物理學家對「弦」唸作「玄」，因此第二天那家報紙的標題，就成了「葛爾曼說，二十一世紀物理將進入『超玄理論』」。

當然，這不是葛爾曼的原意，但似乎卻是歪打正著了。那回我和他由機場同車到飯店，做了一次詳盡的訪問，訪問稿由第二天起在報紙上連登了兩天，討論物理科學的數學表述與真實的關係，我在文章中也說，年歲似乎讓葛爾曼變得溫和了。

下一次就是二〇〇二年他到北京參加楊振寧的八十歲慶會。當時他的傳記剛出版，我向他問起傳記如何，他馬上抱怨起傳記作者，讓我覺得「江山易改，本性難移」，確實是有些道理。

總是逆勢而行的戴森

戴森在二〇二〇年去世，他雖說算不上是大名人，在台灣也不能說是全無名聲，因為近三十年前，台灣翻譯出版他的幾本半通俗科學文化著作，頗受到關注。多年前我曾寫過戴森，這次再來談他，除了他廣受推崇的深厚科學與人文素養之外，想另尋新意說說一些小事，來顯現這位科學人物的一些典範。

我與戴森一共見過兩次，頭一次是一九九六年，那回是到美國紐澤西州的普林斯頓高等研究院訪問他，後來的一次則是三年後我在美國寫楊振寧傳記，他來參加楊振寧的退休研討會，還受邀在兩天退休會的最後晚宴中發表演講，兩次會面經驗都令我印象深刻。

一九九六年之所以去訪問戴森，是因為那年一位出名的科學作家霍根（John

Horgan）出版了一本暢銷書《科學之終結》（*The End of Science*），這本書之所以受到社會高度關注，不光是書名有些聳動，主要是霍根對科學有相當深廣的認知。當時他是美國最有名通俗科學雜誌《科學美國人》的資深撰述，有長時間與各領域頂尖科學家往返辯詰的經驗，但是霍根說，他十多年與科學家的探訪對話，讓他懷疑原本似乎有憑有據的科學，隨著探討問題的日益複雜難解，其猜想的理論也就日益顯現虛渺玄奧的根本性問題。

那回雖說是我第二次到普林斯頓高等研究院，在迴轉道路裡轉了一陣，才找到那個在林間的學術象牙塔。那回與戴森的見面，我寫在訪問稿中，「普林斯頓高等研究院小樓裡，戴森的辦公室似乎沒有可以眺望外邊美景的窗子，書和電腦中坐著的戴森，一如霍根在《科學美國人》中的側寫：『精瘦、筋脈畢現，有一個彎刀狀的鼻子，深陷的眼睛注視著你。他很像一隻猛禽，不過是溫和的一隻。』『他不笑時冷靜自持，笑起來聳肩抽鼻，就像一個十二歲的男孩，聽到一則黃色笑話一般。』」

霍根對戴森的描寫十分傳神，尤其最後一段話。一點不錯，戴森和我談話，說到興起就是倒抽氣的笑起來，顯現出他的純然。那回我一方面想聽聽他對於霍根《科學之終結》著作的看法，一方面是要向他討教科學面對文化意義的哲學問題，他面對後一問題的回答是：「科學更接近藝術，而非哲學。」

我聽了他的話，頗有轟然震撼之感。這句話看似平常，其實蘊意深刻，因為在一般的印象中，多認為藝術是非常主觀的創作，科學似乎是客觀的，這句話給科學本質的定性，確有新意。

一九九九年在楊振寧退休式再見到戴森，除了為楊振寧傳記訪問他，也見識到他在退休會最後晚宴的演講。那晚舉座賓客見到個子瘦小，當時已七十六歲的戴森小跑步上台，發表了一篇文采斐然的演講。這個經典的演說，除了頌讚楊振寧是一位「保守的革命者」，也藉此展現了他與楊振寧對於科學本質的相近信念。

演講中他引述了一九五二年與大科學家費米的一段故事。那時戴森在康乃爾大學，他帶著一批學生弄出的一個理論工作見費米，費米很清楚就點出戴森的根本問題。戴森說「他在學術的關鍵時刻與費米談了二十分鐘，這二十分鐘學到的，比從歐本海默二十年學的還多」，而歐本海默是二十世紀公認極端聰明且有原創性的物理學家。

戴森出生在英國，二次戰後到美國來，演講中他提到後來入籍美國，主持儀式者恭賀他逃離奴隸之鄉的無知之傲。他感嘆說，他同楊振寧對於美國有著同樣的矛盾感情，就是美國對兩人是如此慷慨，可是對他們承傳的古老文明的瞭解，卻是如此的少。

之後雖沒機會再見戴森，卻常在雜誌《紐約書評》看到他的文章，他寫的雖說也是書評，但是因為學養深厚、識見不凡，他的書評總都一篇內容扎實、寓意深遠的優美文章，引人沉吟反思、回味無窮。

最近幾十年，戴森成為質疑全球暖化最有代表性的知識人物。前些年《紐約時報》的星期週刊，曾經以他眼神炯然的蒼老照片做為封面，稱呼他為「全球暖化的異議者」。戴森也公開撰文，評論大張旗鼓的全球暖化救世行動，認為他們執著於大氣電腦模式的信念，將影響地球溫度的複雜變數，簡化為二氧化碳單一因素的盲點，他並不全然反對地球溫度的確有改變，卻認為這種自然循環有時間尺度的意義，不應驟予定論，而忽略了地球世界更重要的貧窮與生存失衡問題。

在全球暖化似已成為舉世正義標竿之時，戴森對於全球暖化的看法，在科學界中遭致極強烈的批評，他毫不退卻的表現出信念與勇氣，因為他一直是一個科學逆勢者。人們都知道他在物理學的重要貢獻，是解決了量子電動力學發展中的一個關鍵問題，他的工作讓包括費曼等三位物理學家得到一九六五年的諾貝爾獎，戴森雖未在其中，但他並不在意，一九九六年訪問中他說自己沒有諾貝爾獎的渴求症。後來他離開熱門的粒子物理領域，轉到固態物理，再次展現他的逆勢而行。

戴森由英國到美國康乃爾大學，從學於著名物理學家貝特（Hans Bethe），雖沒得博士卻在那做了幾年教授，他不單一直沒有去完成博士學位，還批評博士學位制度的負面效果。一九五三年戴森到普林斯頓高等研究院，六十七年來一直沒離開。當年楊振寧到普林斯頓高等研究院，他的老師費米認為那個地方像中古的歐洲修道院，年輕科學家不適合長留，我曾以此問起戴森，他的回答是，「我不是一個帝國的建造者。」

四、面對疾病醫療的科學反思

在這個部分中，首先以二〇一九年我因自體免疫問題住院治療的經歷做為起始，對比中西醫在醫病治療的哲學與方法，也從科學二元分立的實證傳統，再談到面對複雜人體生理現象的近代醫療困境。

這些文章討論了面對突發的流行疫疾，緣於近代科學的堅壁清野、趕盡殺絕的公衛作為，或有政治和社會上不得不然的必要性，卻也造成許多沒有浮現的深層問題，這些問題暴露出的近代公共衛生醫學思維盲點，不只是出現在醫療策略與工具的層面，更牽涉到廣泛的社會文化與價值層面。公共衛生全面針對病毒防疫，看似拯救了許多生命，但也棄絕了幾乎是相同數量的生命，差別只在於那些被犧牲的生命，是社會資源處於弱勢地位的人眾，正所謂「窮人的命不是命」。

在人類演化過程中，病毒其實一直扮演著關鍵的角色，它在殺死生命的過程中，也達成了自然界生命演化延續的過程，這次的新冠疫疾是這個亙古以來歷史故事的新一篇章，也非常清楚的顯現出來，建基於近代科學思維上的近代醫學，在面對流行疫疾醫療問題，其實充滿了高度未知與不確定，應該是我們重新省思近代醫療的一個契機。

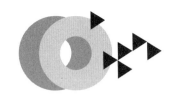

一段醫療經驗的科學反思

二〇一九年一月初到二月中，我生病住院治療三十八天，因為長久以來完全沒有住院的經驗，也沒有接受過如此密集的西醫治療，對於西醫治療所顯現的症狀診斷的衡量標準、藥物施用的方法準則、醫療程序的安排系統，以及與病人溝通的對話機制，有了全面的體會，也對於西醫本源於近代科學的所謂「證據基礎」（evidence based），有更多的體悟反思。

近代西方醫學的傳統，當然是根植於近代科學發展的歷史軌跡，一般認為雖係上承希臘的自然哲學思維以及一些醫療操控與思想。希臘後來為羅馬帝國所敗，五世紀羅馬帝國崩潰後，東方拜占庭帝國以及更大也更長久的伊斯蘭文化，統領今天的西班牙到印度的廣大幅員，信仰基督教以及伊斯蘭教的成員翻譯希臘所傳承之思維，同時也重提解釋、再創新猷，才有後來的科學革命。

就近代醫學來說，一般強調文藝復興時代人體解剖學的發展，影響最是深遠，雖然到十六世紀初，文藝復興時代對於人體的認識，還不及公元前的希臘，不過因為取得屍體進行解剖的禁制鬆綁，醫學蓬勃發展，內外科醫學專業人員分流，醫院體系建立以及其運作方式的發展，都留在今天的西醫體系之中，解剖學所帶來的對於整體人體局部分化的思維，也主導著今日的西醫體制與思維。

當前我們的西醫體制，自是沿用此一系統，其中所謂人體局部分化的思維，發展可說益臻完備，由病徵認定到病症判準，治療選擇到後效評估，都有一套標準作業模式。此種制度化的建構，大大提升了疾病診治的效率與能量，讓西醫在面對愈來愈多的醫療需求，都能妥適應對，達到快速緩解或是治癒的滿意成果，這正是近代西醫建立其主流地位的道理所在。

但是在個人這回的醫療經驗之中，也發覺在這樣十分標準制度化的運作模式中，其所倚恃的判定標準，多是由檢測儀器所得到的生理指標數據，而這些數據採樣的過程，都有檢測環境、檢測人員以及檢測儀器使用等的不確定性誤差甚至是錯誤，主治醫師最後依據這些數據所做出的判準，當然難免受到影響。一點不錯，有經驗的醫師會根據他們當面診斷的觀察，做出較準確的判準，但這也確是值得正視的真實存在問題。

談起這個問題，主要因為在現下西醫的診治過程中，由門診到住院治療，囿於現實環境中醫師必須面對龐大的病患數量，醫師工作負荷與時間的限度，醫師與病人之間的溝通或是極端缺乏，或是流於表面形式，使得醫師對於病人的切身感受認知不足，這當然可能影響到醫師所採取的醫療手段是否最為適恰。另外在接受的醫療手段中，因須服用多種不同的藥物，這些不同藥物彼此間所產生的交叉作用，又可能帶來什麼樣的影響，顯然都是處在一個未知其詳的黑盒子之中。

二〇一八年九月，英國頂尖期刊《自然》刊出一篇專文，討論世界衛生組織（WHO）正在進行的一項工作，就是將中國傳統醫學所認定的疾病以及診斷界定，分類寫入世界衛生組織的「國際疾病與相關健康問題統計分類」綱要，目前使用中國醫學的中國、日本、南韓等亞洲國家，都在積極爭取將他們所認定的定義內容，寫入這個綱要。

這個已經進行了好多年的工作，將在二〇一九年世界衛生組織召開的世界衛生大會正式通過，把三千一百零六項內容寫入綱要第二十六章的第十一個版本。這將影響醫師的診斷、保險公司的醫療保險認定、流病學專家如何建立其研究，以及衛生官員如何決定死亡率的統計。

中國傳統醫學與現代醫學的交流，多年來已經是一個大趨勢，主要因為傳統中國醫學面對許多疾病，特別是系統功能性的疾病，比諸西醫的立竿見影，日益顯出了它的優勢，其所採用的解決問題方式，由於有先天的多元關照，因此由疾病的診斷到治療，都展現出讓西方醫學大開眼界的驚歎。

早在二〇一一年十二月二十二日《自然》已特別出版一本談「傳統中國醫學」（traditional Chinese medicine）的專輯，深入討論在內涵、方法論以及思維哲學都與現代醫藥體系不同的中醫。十九世紀英國傳教士為傳教將現代醫藥帶入中國以前，這個有著悠久歷史傳統，經歷數千年的實證試驗及調整改進的醫療知識體系，是中國唯一採用的醫療。中醫「望、聞、問、切」的整體性診斷方式，加上病人自己的感受，然後採用一種或多種紓解醫療方式，以修復人體複雜的系統，回歸原有的「氣」（能量）及「陰陽」（平衡）的狀態，而氣及陰陽跟西醫所謂新陳代謝與免疫及動態平衡，是大致相同而說法不同之概念。

因為中醫愈益顯現出了其長遠或更平衡的醫療效益，因此不但在中國以及亞洲，在歐、美洲等其他地區也引起更多人的採用，其中特別是中醫的全系統思維，讓面對困境的西方醫學，開始由過去的「一疾病，一標靶，無個別差別」線性應對概念，轉變為針對特定病人規畫的個人化醫療，也催生生物醫學朝向系統生物學發展。

目前世界衛生組織對於健康的定義，「不僅為疾病或羸弱之消除，而是生理、心理和社會的完全健康狀態」，正是傳統中國醫學的主體思維，中醫有謂的「小病從醫，大病從死，不治之症從輕治」，與近代醫學逐漸覺思的不做過度治療以及安寧醫療，可說是思維一體；中藥長久有的所謂「君臣佐使」藥性搭配，或也可給西醫用藥所面臨交叉作用問題的參酌。

在人類生命主要威脅，逐漸更多的面對著系統功能性疾疫之時，中醫文化所承傳的智慧，值得我們更多的珍視。

二元思維的盛與衰

一般認為，近代西方科學的思維淵源，出自古希臘的思辨傳統，而其中二元論的思想，影響甚為深遠。希臘大思想家柏拉圖提出二元並存理念，認為人生存在兩個世界，一個是靈魂存在的理性世界，另一個是身體所處的現實世界，柏拉圖認為身體感官所接觸，並非真實世界，靈魂所感觸的才是真實世界，感官世界只是靈魂世界的幻影。

柏拉圖思想追求以絕對智識去認知真實，避免感官認知形式的錯誤，他的「對話錄」師承他的老師蘇格拉底，也受到希臘畢達哥拉斯影響，其中充滿對於靈魂、前世、記憶、永生以及天神的討論，後來發展形成的「學園」，顯現出重視數學的特點。有論者認為，畢式學派與柏拉圖學園的結合，是西方大傳統中的第一次科學革命，可以稱之為「新普羅米修斯革命」。

現在討論近代科學的興起，常常會提出柏拉圖自然哲學帶來的影響。在近代科學萌生之前的文藝復興時期，柏拉圖思想之所以受到歐陸哲思接納與重視，起自脫離經院哲學思維、促成文藝復興時代來臨的自然哲學家與藝術家，他們認為柏拉圖哲學是藝術和科學進步的基礎。早期的歐陸大學，對歐陸新思想勃興與後來的科學革命影響甚深，在當時就特別強調教授柏拉圖哲學。北義大利佛羅倫斯大公柯西摩（Cosimo）以費奇諾（Marsilio Ficino）主持柏拉圖學院，將柏拉圖的希臘手稿翻譯為拉丁文，都可說是替歐洲後來所謂回復希臘傳統的文藝復興添材加火。

當然後來的科學革命已脫出了柏拉圖的哲思，走向一個以實證為尚的道路，但是在實證科學演進中，一直有受柏拉圖二元論影響的爭論。早期科學歷史多有對真實認識的爭論，到十九世紀末，馬赫（Ernst Mach）與波茲曼（Ludwig Boltzmann）曾為原子是否真實存在而起爭論，甚至二十世紀量子力學的發展，還有愛因斯坦用柏拉圖提出的永恆不變現實存在主張，駁拒波耳對於描述物理宇宙量子力學的不確定論解釋。

二十世紀以物理科學實證知識帶來的應用，可以說鋪天蓋地，同樣也在醫療應用有所發展。如果以原子的定性，到微小技術的發展，標誌著一個科學應用飛騰年代的開端，人類利用能量尺度由打破分子鍵的燃燒，一躍而達到打破核力的猛進百萬倍，對於細菌感染控制成效驚人的抗生素，更使應用技術展現前所未有的樂觀景況，此些近代科學造就應用技術快速而巨大的影響，使得所謂的真實的二元認知變得無關緊要。

但是這些快速發展的應用技術，並不如樂觀想像中的那樣美好，光是外在造成的衝擊，便讓人類面對著不全然是正面的後果，譬如技術發展帶來經濟擴張發展，消費能量的加大，二十世紀的冷戰期間，在還有資本與社會主義不同陣營對立阻隔情況下，已造成資源快速耗竭，生物資源與礦產資源的大量開採，自然環境生態破壞的情況，二十世紀七〇年代出版的《成長的極限》（*Limit to Growth*），正是面對此種危機的警示。

冷戰結束之後，各個國家意識到長期軍事對抗的雙輸後果，於是全力投入經濟發展，由於沒有過往的對立陣營隔離阻障，全球化經濟勃興，科學的應用技術更是朝向極端而行，投入資金只求獲得快速應用回收，環境付出的代價也就愈高。近半個世紀的奔騰發展，以滿足市場需求的技術產業飛躍成長，加上世界多國持續放鬆信用能量，促使全球金融財務的失衡擴張，本世紀終於演成全球金融風暴的大危機。

回到科學應用技術本身，原來無限發展的展望，也出了一些困境，譬如農業科技的育種以及基因改造，增加單位面積的農產收穫，但因為土地利用過度，施肥頻耕造成土地貧瘠，二十世紀六〇年代開始十分成功的「綠色革命」，漸漸無以為繼，基因改造作物的技術與環境瓶頸，也逐漸浮現。

以技術造成的社會效應來看，回應許多工業技術的擴展應用，是社會面對技術快速效果的疑懼，這由近年對基改作物安全性的爭議，到長時以來對於核能工業安全的反核抗爭，都看到科學快速致用的困境。

在醫療技術發展方面，以二元對立概念面對生命現象的挑戰，譬如利用抗生素的對抗感染，經過長時間成功控制效果之後，近年出現愈來愈多超級抗藥性病菌的危機，據二〇一四年的統計，已造成每年超過七十萬抗藥性細菌感染的死亡，預計在二〇五〇年會達每年一千萬人的身故。這也使近代醫學重新思考過去以簡單二元對立思維，面對複雜生命現象而達到速效醫療的科學傳統，是否正確合宜。

除此之外，當前諸般多元因果關聯的繁複問題，多還是以過去科學的簡近因果思維，也是用二元對立思維來尋思解決。我們可以舉兩個代表性的例子。

頭一個是關於面對地球氣候變遷的問題。近幾十年來，大氣科學裡的多數科學家，用的就是科學的簡近單一因果思維，將地球氣候如此一個龐大複雜的系統，不論其測量溫度受人為影響以及觀測範疇的不確定性，不論目前測量溫度時間相較於地球年齡的尺度的意義局限，逕只界定皆取決於單一因果的燃碳效應。尤有甚者，還有所謂地球工程學家，要以局部控制或操弄方式，來改正單一的燃碳效應，難保不會再蹈長久以來為求速效，結果治絲益棼的敗局。

另外一個更加明顯的事例，是與一般人關係密切的癌症醫療問題。二〇一七年九月，頂尖科學期刊《自然》雜誌，刊登英國、印度與加拿大三位治癌專家專文，表示以藥物、手術與放射性等科技面對癌症，在富裕國家的最好情況下已無以為繼。他們調查兩百七十七種治癌藥物近五年的臨床療效，只百分之十五獲有益處，而愈是昂貴的藥效愈差，整體而論，其他國家醫療科技的治癌，則是弊大於利。其根本原因，就在癌症正是高度複雜、多因果關聯的系統功能問題。

世間真實而意義深遠的問題，多是複雜、多因果關聯的，二元簡單的因果思維縱或有一時之功，恐也是短多長空的。

流行疾疫彰顯的科學極端主義

一九二五年英國著名的科學哲學大師懷海德在美國哈佛大學做了八次洛維爾講座，根據講座他寫成一本小書《科學與近代世界》（*Science and the Modern World*）。懷海德演講針對造就近代世界的科學所作的定性論述，對於當前流行疾疫以及近時世界其他的一些生態現象，提供了一些深刻視野，值得探究。

懷海德在書中談現代科學的起源時說，宗教改革與科學運動，是形成歐洲文藝復興後期歷史性思想革命的兩個方向。但是如果我們把這次的歷史革命看成是一次提倡理性的革命，那就完全搞錯了，事實正好相反，這是一次十足的反理性運動。

他說，由科學運動而產生的現代科學，在思想上，是對於歐洲中古世紀漫無節制的理性主義，提出糾正的反理性思潮。他還說，這樣的思想反作用都是走極端的，雖然因此產生了現代科學，科學也就承襲了這種源流的偏執思想。

懷海德的哲思語言難免深奧，簡單來說就是指近代科學所造就的歷史革命，是人類對於自然宇宙的認知，由原本全然倚靠人類自然推理的理性思維，糾正轉而採行其他的作為，這種糾正作用一方面產生了近代科學，但由反理性而來的偏執思想，也就為近代科學所承襲。

由近代科學認知的本質可知，近代科學是在自然思維之外，強調採行人控的方式來認知宇宙。換言之，近代科學不是以自然哲思的純粹推理，也就是所謂的理性思維，做為認知外在宇宙的依據，而是以採行人控方式，也就是在局限的環境條件中，探究人控的因果關聯，從而建立起所謂「認知」的準則。這也是近代科學所自詡的實證優越性，近代科學正是因著這種實證優越性，成為人類認知宇宙的主流思維。

如果我們進一步探究近代科學的實證作為，當能瞭解其所獲致的實證結果，是在局限空間內的探究所得，也由於在局限空間中探究因果關聯的「簡明接近」，易於觀見察明，近代科學才能因著這種簡近因果的認知，創生出諸多易於引為致用之發展，成就為近世顯學。如果以一句話來說，近代科學的一個極端趨向，就是立竿見影。

無論如何，近代科學主宰了人類面對宇宙的認知，已是事實，這是人性的趨利求功所致，無可奈何。但是近時一些生態世事顯現的衝擊，倒可以引為我們對於科學價值的反思。

科學實證成功關鍵的因果關聯探究的簡近特質，在面對諸如生命現象等一些本質上複雜多因的問題，便常要顯現出困境。近代醫學曾經有一種「神奇子彈」的思維，這種思維最顯著的代表產物就是抗生素，二十世紀二〇年代發展成功的盤尼西林，正是近代醫學神奇子彈最有名的一個代表產物，原因就是在對抗細菌感染的發炎方面，確實發揮了巨大的即時功效。

但是抗生素在近代醫學上的運用，卻也產生了抗藥性超級病菌的醫療危機，看美國疾病管制與預防中心的資料，二〇〇〇年到二〇一四年的敗血症感染，由六十二萬例增加為一百七十萬例，死亡人數由十五萬四千人增加到二十七萬人，聯合國的世界衛生組織也認定抗藥性細菌是未來最不可預測的嚴重健康威脅。

建基於近代科學思維的近代醫學的挑戰，其實還不僅止於此，近代醫學近年面對的主要致死挑戰，是諸如癌症等的一些系統功能性疾疫，由於這些疾病的特質是複雜多因，過去近代醫療「堅壁清野」式趕盡殺絕的極端治療思維，便引起了反省和質疑。

美國癌症治療專家蓋特比（Robert Gatenby）二〇〇九年五月在《自然》雜誌的〈抗癌戰爭策略的改變〉（A change of strategy in the war on cancer），是一篇最有代表性的專文，文章主旨強調的正是面對癌症並不存在所謂的神奇子彈，自然演化的機制才是根本關鍵。

同樣的，近代醫學主流領域的期刊《美國醫學會雜誌》（*The Journal of the American Medical Association*），在二〇一三年八月也刊登〈癌症的過度診斷與過度治療〉（Overdiagnosis and overtreatment in cancer）專文，檢討以往數十年來癌症治療的診斷思維，提出過往認為早期診斷可以減少造成晚期癌症，以及減少致死率的思維，在實際臨床檢視中，並沒有得到肯定。專文提出的結論認為，關鍵就在癌症的複雜多因特質。

除此之外，近年還有一個受到國際關注，也與科學極端思維相關的議題，那就是全球暖化。

地球溫度的改變是一個人類可以主觀感受，也可以由科學方法測得的自然現象。不過，全球暖化是一個標準多因果關聯的複雜問題，但是近代科學的思維很簡單，就是把這個複雜的問題，簡化為是由一個主要單一因果所造成的現象。目前主流的思維論述，是把氣溫測量數值的改變，直接聯結上碳排放，然後再針對這個思維，擬定減少碳排放的策略。如此正是一個標準的科學極端主義思維。

就近代科學的思維來看，這是最自然合理的方法，就是為一個問題，建立起一個主要的單一因果關係。但是地球溫度的改變，卻是高度複雜，其所牽涉到的，不應該只有目前主流思維所著眼的二氧化碳，還有許多其他的因素。而在這個思維的背後，我們又可以看到所謂科學方法測量溫度環境空間的局限性、測量溫度時間長度的相對短暫性，以及對於像地球如此龐大系統中，影響溫度複雜多因效應思維的極端簡化，這都影響了我們對於溫度變化意義的認定，也影響著我們面對此事的態度與對策。

回到懷海德對科學的定性論述，他曾經說，近代科學的產生是歷史的偶然，是當時歐洲天時地利人和的巧遇造就。他的這個歷史偶然說的另一面意思，就是科學不是人類面對自然思維的唯一選擇。

由近時流行疾疫所顯現的對於自然現象的科學極端主義思維，以及因此造成的一種「甚於防川」似「趕盡殺絕」的恐懼，都可以給我們帶來對科學的許多省思。

疫情中科學的理性之盲

新冠疫疾自二〇一九年年底以來喧騰沸揚，衍成難料的全球空前衝擊，可說人間浩劫。這次的流行疫疾，近代公衛醫學所指認的肇因是一種新冠病毒，這類病毒近年曾造成過許多不同的疫疾，譬如台灣人比較熟悉的ＳＡＲＳ，或較不熟悉的如ＭＥＲＳ，當然還有其他許多不同的致恙病毒，讓人類習得不同的應對策略，也讓我們逐漸認識到病毒的本質與意義。

病毒是靠寄生宿主而生，並非獨存實體，可以說它只是一個過程，「寄生而起，殺生而亡」，而病毒存在的目的，並不是要殺死宿主，因為宿主一死，造成的是「與汝皆亡」的兩敗俱傷。所以，在自然界的常態，病毒致病過程的演化，總是漸趨和緩的與宿主和平共生，畢竟那才是延生存活之道，因此多數病毒常演化為與我們共生的狀態，容易傳播，也一再重來，卻傷害不大。

如果把生命源起的途徑拉得更遠，我們知道自然界的複雜生物體，都是依靠著病毒發揮的傳種功能。病毒消滅生命的同時，維持了更綿長的生機，也才能完成複雜的演化過程，病毒亙古常在，它關照也參與協助著物種的存續滅絕，人類如何能例外？

除了物種的存續，這場疫疾流行也在政治、經濟等層面帶來影響，已有諸多探討，而其對科學的影響，可說既深且遠，值得做些討論。

說到頭，這場疫疾由起始認知，至後續的檢疫、管控、封鎖與治療，無一不是出於近代科學思維下的作為。簡言之，近代科學思維就是「主客分離，二元對立」，這也是近代科學由人類過往文明的萬物一體自然哲思跳出，採行人類本位面對客體宇宙作為的核心思維。近代科學正是因此而能馭萬物之理於人控範疇，進而援以致用，成就近幾百年來的科學世紀。

近代科學歷近四百年發展，尤其近兩百年來，一方面以科學致用之效富國強兵，造就世界恃強凌弱局面，一方面亦以科學強效之功，面對由天災到疫疾的自然威脅。恃科學而強者眼見其國家財富累聚，人民壽歲延年，還引來科學後進者之欣羨嚮往，自是顧盼自雄，益加傲然科學之理性價值，甚至生出文化救世使命感。

如果對照百年前主要在西班牙造成大量死亡的那場流行疫疾，人類面對此次新冠疫疾流行的景況，不能說沒有識見與作為上的前進，但是由對病毒起因源頭的各說各話、病毒監控檢疫的共識盲點、疫疾傳播感染的難作定論、病體治療的試誤摸索，都見出當前窮盡物力之近代先進醫學科學的力有未逮。

就技術層面來看，拜近代生物醫學技術的發展之賜，可用基因核酸結構定位比對的檢測技術，快速測定新冠病毒是否存在，也能利用檢定兩種免疫球蛋白的血清檢測技術，來判準是否確診或是否產生了免疫抗體。但是由於所謂的客觀檢測，方法上依然受到敏感度與特異性取捨的公衛價值主觀判斷影響，因此近時以來經常聽到的，便是所謂的無症狀感染、真偽陽性、有無症狀的復陽或有無病毒的復陽，造成醫療檢測與診治的困境。也因為對於病毒認知不足，目前的治療多採行試誤方式，達不到近代醫療常喜自詡的「對症下藥，藥到病除」的及時功效，益加社會的莫名恐慌。

當然面對疫疾的突發而至，採行「嚴防阻絕、減少感染」的當下之計，似是無可奈何的選擇，因為處於當今交流頻密的世界，任何國家都無法承受大量病亡帶來的社會衝擊。建基於過往壓制了天花、麻疹和小兒麻痺的成功經驗，當下近代醫學的無疑共識，就是以合成製造直接壓制新型冠狀病毒的特效藥物，積極開發針對此種疫疾的疫苗為其目標。

這種堅壁清野的封阻、針鋒相對的絕滅，並非無中生有。除了科學本質二元對立論的大傳統，人類在過往曾經有效的滅絕天花與麻疹，更是有力的佐證，面對當前威脅生命的新流行疫疾，因人類求生惡死本能而生的恐懼，更進一步的增強了迎頭痛擊別無他顧的執念。

但是面對生命本質的複雜因果、演化多變，建基於近代科學簡近因果思維上的近代醫學，其所面對的困境，或不只來自缺少解決問題的技術方法，更來自對疾病本質認定思維的是否合適。近代科學歷史發展也清楚顯現出來，科學過往解決固置線性因果關聯問題顯現之長，在面對複雜多因的問題，由極微小量子尺度到浩翰無垠的宇宙星際，都顯現左支右絀的難局。但那些或許自說自話的論說，其實無關宏旨，不若當前病毒與生命複雜多因的解讀，是直接相關的切膚問題。

二十世紀以降物理科學觀念革命與技術的蓬勃，造就出上世紀一個所謂物理科學世紀的說法，但二戰終結時美國電機工程專家布許揭櫫「科學是一個無垠疆界」的樂觀信念，雖說終究不如預期，但冷戰大局與人口經濟增長的需求榮景，加上人類對追求生命存續無垠疆界的想望，催生出二十一世紀成為生物科學世紀的懸念。

其實自上世紀末期起始，觀念與技術多借鑑於物理科學的生命科學，便愈益面臨了以簡近因果線性思維探究複雜多因生命現象的困境，可謂「生命化約論的黃昏」。大的不說，光看近時以來生物醫學研究領域的景況，目前其中最大挑戰是大量生醫研究結果的無法再現複製。許多探討也指出來，這些研究結果的不能重複發生，不只出於生醫研究複雜難控的操作條件，更來自生命現象本質的複雜因果與演化多變。然而這許多甚至遭到一些主流科學期刊專文譏諷為「形上科學」的生醫研究結果，竟還是醫學臨床治療方法的思想指導準則。

在當前面對疫情的討論中，也提到權衡取捨的問題，世事難有兩全，「長短相形，高下相傾」。目前因防堵病毒採行的交流阻斷，付出犧牲經濟與生計的代價，全面針對新冠疫疾的醫療方針，犧牲了其他疾病的醫療資源，強調人際分隔的口罩掩面，也造成人際疏離猜忌的信任歧視。更有甚者，則是愈益加深了生命因果的絕對二元，造成社會對醫療的過度期待與追索，也將複雜死亡推向一種簡化機械的過程。

當下全球醫療體系，雖說認知到面對如病毒的自然威脅，不只是人為民族與國家的挑戰，應該攜手合作，但是卻不忘著力於追究病毒究竟出自何方，較勁於誰能打出漂亮的抗疫戰爭，依然不脫過往世紀中科學的強凌弱勢思維，難道這就是近代世紀所引以為傲的科學理性？

二十世紀的數理邏輯大家顧德爾（Kurt Gödel）曾以有名的「不完備理論」，推論人類認知能力的有限性，科學的成功其實不在於理念完備，實來自其滿足了「趨利求功，立竿見效」的人類本性。這種成功表象激勵人類由規範尺度、立現因果而來的信心，闖入一些人類智力未逮的領域，由物質的幽微結構，到宇宙無垠的邊際，不知伊於胡底。

相對於我們已知的宇宙，人類過往並不久遠的歷史，其實早已有面對病厄生死順勢而為的智慧哲思。重新審視近幾百年來才蔚為風潮的科學思維，反思另種著眼的新的生命觀點，或是這場世紀浩劫可以帶來的歷史契機。

疫情帶來的眾聲喧譁科學變貌

新冠疫情讓世界出現各種社會現象，大大彰顯出人類對於疾病與死亡的恐懼，之前曾說，這些現象與科學的思維和發展息息相關，沒想到此番疾疫流行，還改變了科學的一些面貌，卻是始料未及。

二〇二〇年年中有幾份刊物，譬如一般評價不錯的新聞週刊《經濟學人》、具代表性的科學期刊《自然》雜誌，都討論了因流行疫情爆發而造成科學成果發表模式的變化，由過去科學研究論文的先經嚴格同儕評審後才能發表，改變成為了以時效優先的線上即時發表。

這些與新冠疫疾相關的探究文章，近時以來數量呈井噴式的暴增，根據《經濟學人》的統計數據，二〇二〇年二月到五月初全球疫情升溫的三個月，相關的研究論文超過了七千份，其中四分之一出現在五月初的一個禮拜中。

科學百年來以科學期刊發表研究結果的運作模式，近幾十年來已受到一些挑戰，原因是科學期刊刊登的論文，要經過所謂同儕評審的過程。這個過程曠日時久，通常是半年甚至超過一年，科學期刊與所有發行刊物一樣，都要講究其可靠度，因此愈是著有名聲的期刊，對於審核論文的要求就愈是講究，不但審查專家的條件要求嚴格，也多是由幾位專家提出審查意見再做出取捨。

因此近幾十年來，已經開始有了自由發表科學論文的場域，他們稱之為預印本伺服器，最先開始使用這種方式的是數學與物理學，那個伺服器名稱叫做「檔案」（arXiv），行之已超過三十年。基本上來說，在檔案伺服器刊出的論文，並不需要經過審核，科學界也有些默契，只把這些論文視為初步的預印本，可以據以參考，也可以批判漠視，多年來大體也還相安無事。

近幾十年來，生物或是生醫科學研究的蓬勃發展有目共睹，論文數目呈指數型增加，原因一方面是社會大眾對於生醫研究可以帶來延長壽命的期待，也與此種研究多是進行生物訊息的分析，資料龐大、數據瑣細，一個很專窄的問題，就可以弄出多篇論文。但是生醫領域開始走上這種自由發表模式卻比較晚，一方面是這些生醫研究，許多又稱為臨床前研究，下一步就要用於臨床診治，與生命存亡直接相關，可能風險較大，當然後來他們也有了如《生物檔案》（bioRxiv）與《醫學檔案》（MedRxiv）的預印本伺服器發表場域。

這回的新冠疫疾來勢洶洶，研究的時效性自是受到重視，因此在《生物檔案》與《醫學檔案》上便出現了暴增的研究結果報告論文。在《自然》雜誌的專文中也說，其實這些在線上自由發表的論文，並不是完全沒有經過審核，譬如《生物檔案》與《醫學檔案》都會先查核論文是否有抄襲問題或研究方法的瑕疵，再由一些自願的相關領域專家，查核如健康與生理安全性等一些非科學數據的內容，通常兩天便可以上線發表；《醫學檔案》因與人類健康直接相關，審核會比較嚴格，也總在一週內可以完成。

由於流行疫疾事關緊迫，因此就算只是初步研究成果，對於社會認知、治療方針與公衛政策自有其重要性，然而此種快速發表的結果，也造成了如病毒起源和傳播等一些有心或是無意的恐慌，甚或是陰謀論的社會紛爭。

在巴西的一些研究者曾進行一項研究，針對在《生物檔案》線上刊出的預印本，以及這篇預印本後來通過評審在科學期刊上刊出的論文做了比較研究，發現雖說在期刊發表的論文品質較高，但是平均差別只有百分之五，因此一些研究者認為科學成果的快速發表還是利大於弊。

其實通過嚴格審查的期刊論文，並非就沒有問題。過去的調查研究也曾經揭露，論文評審過程雖說合於形式規範，但在實質審查中還是不可避免的有諸多問題，面對一些蓄意的造假行徑，就算是最盡心盡責的審核者，時常也難以識別，更不要說許多審核者未必能窮盡心力。這麼多年來，在生物醫學研究論文出現的許多重大醜聞，恐怕只是冰山的一角。

與一般認知的想法不同，科學論文其實是暫時的結果，不是絕對真實可信的。一九六〇年諾貝爾生理醫學獎得主梅達瓦（Peter Medawar）曾經說，所有的科學論文都是詐欺，因為他們把假想經由實驗得到結論的研究，描述成一種順理成章的過程，事實上這些過程大多是混雜不清的。我曾經在一篇文章中說，梅達瓦的說法也許極端，但卻相當真實反映出科學的真實面貌。因此，科學知識並不全然是人們常自詡的可驗證知識，它反映了科學家的主觀、思想的盲點、儀器的局限，還有人的偏私，是一個相當社會性過程的產物。

近代社會不知如何形塑出一種科學家的完美印象，許多從事科研工作者難免也有相同的自我認定。其實由科學的歷史看，科學家的成功並非來自道德品質，尤其近世科學研究更像是一種俗世行業，科學研究所需要的創造才分，也不是訓練就能得來，加上在一個不出版就得走路的獎懲制度中，找到一個有創意的題目其實不易，研究者為了求生存的鋌而走險，事實證明無從避免。

梅達瓦所說的，其實牽涉到科學研究更深層的問題，那就是科學家在面對一個問題的切入思想，不可避免的主觀認定，由科學歷史上也看得出來，縱然是最好的科學家，也不可避免會有思想的盲點。現在許多科學研究者常說，科學研究有儀器檢測的客觀標準，殊不知儀器標準，也出自人類的主觀概念，並沒有所謂的絕對客觀性。這回新冠疫疾流行中出現的許多結果爭議，正是所謂客觀標準與主觀概念某種程度的矛盾表象。

面對此次疫情，渴求研究題目的科研工作者，一如渴望靈丹妙藥的社會大眾，催生出了一個眾聲喧譁的科學新面貌，福耶?禍耶?且待觀之。

科學實證與否證的新試煉

自新冠疫疾肆虐全球以來，大家關注的焦點就是何時能有治療新冠疫疾的藥物，以及有效疫苗何時會成功。這都出自長期所謂實證醫學的主流思維，但成也實證、敗亦其中，將成為人類近代醫學發展歷史上的一次大試煉，箇中一些哲思與實際景況，值得談談。

在當前主流醫學體系中，實證醫學似乎是耳熟能詳的概念，但是仔細探究近代醫學的發展歷史就會發現，事實上實證醫學是上世紀九〇年代初，才出現於醫學文獻之中，而後逐漸蔚為風行，至今約三十年時間。

實證醫學主要的內涵就是，醫療體系中醫生的醫療實作，是根據著許多生物醫學的科學實驗研究，以及因著這些思維而來的操作經驗、因果關聯以及統計數據。

就某一個意義上來說，實證醫學是十分成功的。舉例來說，多年來以控制和治療血壓過高的醫治操作，有效的減少了心血管疾病；另外則是針對不同生理特質的所謂個人化醫療，也給長久棘手的肝癌治療帶來顯著進展。

實證醫學的所謂「實證」，正是近代科學的標誌作為，近代科學正是靠著實驗檢證，才能超越過往文明可稽的自然宇宙思維，也才能成就其在當今宇宙思維中的主導地位。

科學實證的成功建基於一些客觀的控制條件。簡單來說，就是進行科學實驗檢證，必然有賴於一個可以操控而致其關聯因果簡化的技術能力，檢視近代科學發展的歷史便可以看出，科學實驗操作的成功，與整體技術的化約能力息息相關，這種馭繁於簡、化大為小的化約，正是近代科學所承續的希臘物質思維之長久傳統。一言以蔽之，就是找尋宇宙物質的最小單元，二十世紀以降，由物理科學的探索微觀粒子，到生命科學的基因決定論，不一而足。

由近代科學進展歷史來看，實證與化約有如推動近代科學走出人類過往自然宇宙思維的兩條腿，化約引導著整個探索思維的大方向，也簡化實證操控的因果關聯環境，因此，實證就更容易建立起可以控制也可以重複的所謂「實證性」，而這又回頭給化約方向的嘗試帶來信心，兩者是互為表裡，魚水相依。

實證與化約兩條腿的近代科學是成功的，也造就了當前我們生於其中也役於其用的近代科技文明。尤其過去的一百多年，由於許多主客觀因素影響，近代科學的所謂進步價值，可說已深入人心，此種現象由萌生近代科學的西歐社會，到包括我們在內，或是欣羨景從、也有抗拒藐視的其他社會，皆有共識。

對於萌芽發展了三百多年的近代科學，上一個世紀是進展最速，也引致反省批判最烈的一段時間，尤其在科學萌起的歐洲社會，探究科學本質的科學哲學，檢視科學知識形成的科學社會學與文化研究，一時大起，蔚為顯學。

在眾多對於科學反思的學說當中，英國科學哲學大家帕普（Karl Popper）的科學「否證論」，一般認為是最具代表性的。簡單來說，帕普的科學否證論就是認為，科學方法驗證所得的知識，只可能是在有限條件中成立，也可以被否定的有限性認知。

上世紀包括帕普科學否證論在內，許多對科學的反思批判，雖說言之諄諄，主流科學中人以及社會眾人多是聽之藐藐，原因無他，因為科學帶來的速效近利，正是人性所趨，危言云云自是姑且觀之。

最近以來的流行疫疾正是科學實證性的最新一個考驗，除了病毒檢測已顯現的科學實證方法不確定爭議，當前全球醫療科學皆在競爭的治療藥物與疫苗開發，恐怕同樣也難免實證的困境。

生物醫學界近年最受到矚目的問題，就是許多生物醫學實驗的難以重複實證，其中關鍵道理，就在於生命現象的高度複雜，使得過去看似成功的化約作為，難以帶來真正有意義的可實證因果關聯。原因是化約的簡略單元，譬如一些蛋白生理訊息，在再回復進入整體生理組織時，無法展現先前化約作為中的因果關聯，而整體生理組織才是決定醫療行為價值的關鍵。

探討這方面問題的科學文獻與出版的書籍很多，二〇二〇年有本書直接就用了《實證醫學的假象》（*The Illusion of Evidence-Based Medicine*）當書名，重談一個難解的老調，那就是為了滿足世人對於靈丹妙藥的渴求，當前製藥產業的生存法則。如同之前類似書籍所說的，在所謂實證醫學大帽子之下的真相，是大製藥公司追求利益的叢林作為，譬如找尋合適的作者，在撰寫的報告中隱匿原始數據，選擇性呈現有利結果，並運作科學期刊的發表以及管控藥物的美國食品藥物管理局核可上市，這些書籍的作者甚至將這些作為稱之為「組織性犯罪」。

過往這方面的問題事例甚多，最出名的譬如因為隱匿抗憂鬱藥的負面效果，引致服藥者自殺的法律訴訟，製藥大公司為此付出了遭罰巨款的代價。其實，除了藥物實驗結果的呈現，在整體藥效實驗程序的設計當中，也有許多行外人難以瞭然能知的竅門，前時喧騰一時；在二〇二〇年第三季中，所謂對當前新冠疫病具有治療效果藥品瑞德西韋的試驗中止點設定，則是另外一個顯著的例子。

實證科學是人類近代發展所得的認知體系，實證醫學則是這個體系中自然的衍生物，都是人性需求面對自然挑戰的一種反應。這回新冠疫疾的自然挑戰，再次彰顯出我們無饜奢求的人性，以及我們面對疾疫能力的局限，這正是我們選擇而致的共業。

科學能救疫情與暖化？

疫情弄得全球人心惶惶，人類活動限縮也減少了二氧化碳的排放，即便如此，二〇二〇年盛夏量測的溫度還是創了新高，全球暖化再成關注焦點，也再有速謀解決之道的呼聲，面對還在蔓延升高的疫情，則殷殷寄望於疫苗的早日發展成功，二者可說都是科學救世的思維。

先前也提過，今日我們認知外在環境的問題，多是近代科學的視野，什麼是近代科學的視野？簡單的說，可歸之為「設定標準、測定問題、建立因果、尋求解方」。回顧過往人類早期歷史的自然哲思，多訴諸直觀感受，人類由自然哲思走入科學，正是摒棄了面對外在認知的直觀感受，因為直觀感受因人而異，既不客觀也不準確。

地球溫度改變的問題，確實不是由人類的主觀感受所論斷，關注這個問題起始之時的上世紀九〇年代，事實上還有溫度較低的年分，決定這個問題的所謂科學論斷，是人為設定標準的測量。目前氣候科學上的測量標準，就是各個地方的氣候測站，這些測站的標準確實是一致的，它們的設置位置也是固定的，但是這些測站的相對位置卻有了改變，因為人口城市的擴展，測站附近的環境有了變化，免不了帶來對測量的影響。

目前說起地球溫度升溫，前時常用全球暖化，所謂「全球」就是指整個的地球，地面上的溫度有氣候測站衡量，那麼占了地表面積七成的海洋呢？當然早有海洋溫度也在上升的說法，那麼汪洋大海的溫度如何測量？現有海溫測量主要有船隻浮標、衛星遙測、水中斷層聲納及海面形狀探測等一些方法，這些測量都有各自的標準，當然也更多的要受限於環境的影響，也就是說所謂的海洋升溫是什麼意義，是局部升溫，還是整體的升溫？因而最為關鍵、也最難以回答的問題，是升溫的認定。

科學面對所謂的全球暖化問題，其建立因果的論斷，直指二氧化碳是肇果之因，也就是泛稱的碳排放，在地球的大氣中，除了二氧化碳，也還有像是甲烷等其他氣體，但那些被認定是次要因素，不值得重視。在因人類活動造成二氧化碳排放的同時，大氣層中同時也增加了煙塵懸浮顆粒，近年大家甚是關注的所謂「PM 2.5」正是其一，而在大氣中的懸浮顆粒因會屏蔽太陽光，用數值模型推斷，會有降溫的效果，結果加加減減，氣溫似乎還是漸熱，因此二氧化碳的肇禍模型論斷有據。

二〇二〇年過世，我也認識的一流物理學家戴森，一直質疑大氣科學二氧化碳單一因果推論的電腦模式作為，也提出測量海洋溫度的實質困境。另外一般知道較多的是哈佛大學醫學院畢業，以其著作改編的《侏羅紀公園》（*Jurassic Park*）電影而聞名於世的克萊頓（Michael Crichton），他引用科學數據寫成的《恐懼之邦》（*State of Fear*）小說，展現出全球暖化問題中人為創造恐懼狀態的面貌，引起甚大討論，他在臉書上也聲稱，全球暖化與種族優生論相同的似是實非。

克萊頓也曾說，在大氣科學界願意公開批評全球暖化的，多是沒有研究經費壓力的退休教授。其實他沒有說出的是，在這些退休教授活躍做研究的時代，譬如上世紀的七〇年代，在同樣這個大氣科學領域之中，最熱門的議題卻是，「地球是否要進入一個小冰河期了？」因為那段時間地球的溫度特別的低，而且不只有七〇年代，在上世紀的四〇年代和一〇年代，也都有過地球溫度較低的情況，這些老教授不免要問，現下所謂的地球升溫，是長期趨勢，還只是起伏波動。

目前科學所認定地球四十五億年的存在歷史，古氣候學聲稱地球溫度有歷時幾千萬年的冷暖波動週期，對比於人類近代科學所測定的地球溫度，正如二〇〇七年我在《中國時報》專文中用過的比喻，就好像以一個人百分之一秒體溫的些微上升，來論斷此人幾小時後的生死一樣。也有謂「億萬年太久，只爭朝夕」，但是所爭得的朝夕，價值若何？

提出全球暖化真實與否的問題，主要是藉之說明，科學思維的長處與盲點，其實是科學的一體兩面；也就是說科學的長處，同樣也就是科學的短處。科學的長處是可以很清楚建立起一個問題的簡近因果關係，因此科學成功的前提，就是其面對問題的因果要簡近，一旦面對的問題有著複雜多因的關聯，不僅無法解決，可能還使問題更加嚴重；此時科學的長處反倒成了短處。

讓世人憂擾難安的新冠疫疾，也是一個有關科學論斷的事例。二〇二〇年《自然》雜誌有一篇長文，討論此次新冠疫疾在未來的發展預測，在這些由病毒學家或病毒感染電腦模型學家好壞不同的預測當中，最大的共識是其不確定性，原因是過去一些病毒疫疾的流行或抑止經驗，因目前對此一病毒特質瞭解得不夠充分，病毒人際感染追蹤的實質困難，似多不能援引參考，因此從公共衛生到政治決策的優先選擇，就是從嚴從緊。

為了緩解此次疫疾的威脅，目前知道也許有超過十幾個國家在全力發展疫苗，在二〇二〇年出版的《經濟學人》一篇文章中透露的訊息，為了發展針對此一病毒的疫苗，至少投入已超過百億美元的經費，未來的產製施用，恐還要上千億費用。就算有些疫苗通過目前的規範，但是大量接種的後續效果，依然有高度的不確定性，因為無法確切知道疫苗所促生的抗體，能在人體存留多久，也不清楚民眾對疫苗產生的副作用是否可接受。雖然國際間也有倡議，希望將來如果真有了成功的疫苗，要以需求的優先來做分配，但是看目前世界的分歧對立，更可能的情況是採行各自為己的「疫苗國家主義」，那些立意高遠的倡議恐怕難得青睞。

在這次疫疾之中，因為病毒的無選擇性感染，富裕或醫療資源豐足的國家，未必受到的傷害較小，但是造成的資源分配攫奪以及經濟關聯斷裂，無疑將更加深貧富國家的鴻溝，在較富裕國家斤斤計較於數千上萬死亡人數的背後，其實一直存在著每年都有四十萬人死於瘧疾的事實，那多是發生在經濟窘困的貧窮國家。一點不錯，「窮人的命不是命」。

在這個所謂科學昌明的時代，其實多的是天下本無事，我們只都是不同的「庸人」。

《大巴靈頓宣言》與《約翰．史諾備忘錄》

二〇二〇年年末，人類聚集較多的北半球漸入寒季，加上報告罹疾人數的增加，北境國度再次瀰漫了恐懼。儘管曾經在上半年肆虐、造成大量死亡，但主流的公共醫療體系對於如何面對此新冠疫疾的再次重臨，卻有了分歧的應對思維。引起這個可謂是科學爭吵的，是一項被稱之為《大巴靈頓宣言》（Great Barrington Declaration）的文件。

《大巴靈頓宣言》的發起人是三位公衛醫學專家，其中兩人來自美國的哈佛與史丹佛大學，一位出自英國牛津大學，他們三人所揭櫫的想法，是放鬆讓疫疾在年輕與健康人眾間的可能流傳，並著力於保護那些最為衰弱的族群，這種想法的概念源頭，便是所謂的「群體免疫」。

群體免疫就是說，在社會群體有夠多人感染疾疫之後，便自然造成了整個群體的一種普遍免疫力，從而足以對抗疫疾的失控肆虐。

群體免疫的想法並非橫空出世，也是人類過去面對流行疾疫的經驗總結，這個辦法在二〇二〇年上半年新冠疫疾初起之時，也有一些國家採行，稱之為「佛系抗疫」。

世界上採行佛系抗疫最出名的國家是瑞典，在疫情高峰初期，瑞典政府採取了較寬鬆的社會交流管制，力求在中庸、維持人民信任度及經濟發展的前提下，控制住疫情的發展曲線。雖然瑞典比起其他管制較嚴的國家，罹病與死亡人數高出一截，但是在歐洲也有情況更差的英國，其實是採行了較嚴的社會管制。而就大半年下來，如果以罹病人數、死亡比率，以及對於社會的整體衝擊來看，瑞典的佛系免疫也未必完全失敗。

無論如何，就現代醫學的制式想法來看，佛系抗疫還是頗致爭議的，因此二〇二〇年十月初，三位公衛專家在美國麻州的巴靈頓簽署發表宣言之後，立即有一群公衛專家在世界醫學權威期刊《刺胳針》，聯名發表反駁文章，指稱《大巴靈頓宣言》是沒有科學根據的謬論，這封批駁的信函也有一個冠冕的稱號，叫《約翰·史諾備忘錄》（John Snow Memorandum）。

約翰·史諾（John Snow）是一位英國醫生，十九世紀中葉倫敦發生霍亂疫疾，他提出嚴格控制病源的方法，奠定其在近代公衛觀念先行者的地位。

《約翰·史諾備忘錄》促請各國政府盡一切手段，以封阻做為壓制新冠疫疾的擴散，並持續進行篩檢、追蹤病源以及隔離感染者的工作。《大巴靈頓宣言》和《約翰·史諾備忘錄》公開發表後，網路上皆各有上萬名科學家的聯署支持，可說是旗鼓相當。

《大巴靈頓宣言》確實有許多不確定的風險，譬如過去由自然感染而產生群體免疫的往例，是否會重現於此次新冠疫疾，尚未可知，而且需要多少比例的人眾感染才能造成群體免疫，醫學界暫時也沒有共識。此外，感染人群的免疫力能持續多久、病毒是否會變異、如何限制高低風險人眾的接觸交流等，都難以確知。

《約翰．史諾備忘錄》同樣有著不確知後果的爭議，因為社會封阻不可能無限期進行，目前流行的思維是盡量減少當下的罹病機率，等待藥物或疫苗的救援，但是如果病毒有變異性，感染後的免疫力也不知能夠持續多久，藥物與疫苗就面臨了未知是否有效的風險，而當下大半年的社會與國境封阻，已造成經濟崩潰與就業機會流失。社會經濟弱勢族群的喪失生計，甚至引致死亡的後果，可謂「我不殺伯仁，伯仁因我而死」。

《大巴靈頓宣言》與《約翰．史諾備忘錄》顯現的科學內部爭吵，還只是科學執念的表象困境，尚未觸及的是更根本的科學哲思盲點。

科學理性的蒙面效應

說起科學，多將之與理性相提並論，也常有「科學理性」的提法，這當然出於科學在近代世紀中的萌起，以及其所帶來的科學文化與科學運用之影響，這方面的討論多始於萌生科學的歐西世界，雖說引起了關注與討論，但是在不同的文化與社會，引起的關注面向也不相同，一個問題多種解讀，也算是正常現象。

對於科學與理性的關係，懷海德曾在《科學與近代世界》提到，理性主義（rationalism）的本意，指的是人類獨立於感覺經驗之外，純粹靠著推理得到認知，這樣的理性主義，與經驗主義是相對立的。因此懷海德才會說，方法上講究實證經驗主義的現代科學，是一個反理性思潮。而所謂歐洲中世紀漫無節制的理性主義，就是當時歐洲思想常常將宇宙認知，推理到一個絕對的宗教價值，這個傳統影響深遠，甚至一般認為是現代科學奠基代表人物的牛頓，也不能免，牛頓在他數百萬言的巨著《原理》中，也是希望用他所熟稔的數學推理，來證明他所信仰神祇的絕對合理性。

但是現代科學正是因為告別了認為「只有純粹推理才能得到真實認知」的「理性主義」傳統，才基於實證主義而由歐西傳統文化中脫穎而出，歐西世界也拜新的科學理性而來的實徵致用，殖民擴張，恃強凌弱，並認定科學理性為唯一真理。懷海德說得很好，「沒有全部的真理；所有的真理都是一半的真理。想把它們當作全部的真理就是在扮演魔鬼。」

歐西列強倚恃科學理性而來的致用之力殖民擴張，由拉美、非洲以至亞洲，最後彼此因勢力爭奪演成一次大戰，生靈塗炭。一次戰後，歐洲思想曾有過反思，出現有質疑實證主義的哲思，懷海德之外也有如柏格森、胡塞爾（Edmund Husserl）等些代表人物，社會瀰漫一股對於過去科學理性造就文化優越的悲觀氣氛，只不過沉痾已久，難期一日有功。未料再起的二次大戰，最後卻是拜科學之力的原子彈，決定戰爭勝負，影響歷史進程，使得科學理性之力，再次深入人心，歷冷戰迄今，迴盪未去。

冷戰的半個世紀，戰後嬰兒潮的世界人口快速增長，經濟擴張迅速，科學的實徵致用、立竿見影之效，正是背後的重要動力，當然在全面向前的大勢中，並非沒有反省思想，譬如上世紀六〇年代有名的作品《寂靜的春天》（*Silent Spring*），掀起對環境問題的關注潮流，在冷戰核武毀滅威脅下，也衍生對於同樣科學產物核能的質疑，及至今日舉世沸揚的所謂全球暖化議論，都可以說是對於科學理性的一種懷疑或詰問。

自新冠疫情傳播擴散以來，科學再次成為討論的焦點。面對其實無可避免、科學方法也還不能全然弄清感染源頭與途徑的情況，多的是各持己見的指責，對於罹病者，有的是趕盡殺絕的指責，少有體恤同情。近時許多研究也顯示，疫情流行引致的嚴峻社會隔離與社交距離處置，已帶來各種心理層面問題，造成特別是青少年或弱勢族群自殺率的明顯增加。凡此種種，當前這個以科學理性自詡的文明世界，有如重現在現代科學起始年代，依然盛行於歐洲的獵巫行動，也強化了科學理性一種非真即偽的絕對是非價值判準。

相對於較富裕世界各國政府為盡快恢復經濟，繼續日益嚴峻的資源與生存競爭，並大力促成疫苗通過超速製程，滿足人人爭打避禍的需求，如此也造成醫療資源的大量移轉，一位在非洲剛果主持熱帶疾病醫療計畫專家在《自然》期刊撰文，說起原本每年全球有超過兩億人感染，死亡兩百萬以上的如瘧疾、愛滋、肺炎等一些流行疾疫，因而更得不到原已匱乏的醫療，感到心灰意冷。這不只進一步劣化原已嚴重的國際與人際貧富差距，也再次展現出十九世紀以降，所謂現代科學理性殖民掠奪的真相。

其實在科學萌起的歐西世界，還是有一些反省的言語，譬如在介紹新出版討論此次疫疾書籍的書評中，有說「此次疫情的怪異是雖然事事都在改變，卻沒一件事成真」，「過去社會上層菁英有錢隨處旅行，疫情中他們也夠有錢而能宅居在家」，「城市與全球化雖然會造成群聚感染，但是都不會消褪，因為城市化的好處太多，全球化利益太大」，最有趣的是「未來專家依然會有一席之地，只要他們也願意聆聽非專家的常識意見」。

在我們這樣一個不是科學萌起的世界，多的只是瑜揚科學理性的聲音，少有如著名社會學家許烺光以扎實的田野調查批駁西方巫術、醫學絕對二分的科學理性思維，反而能扎根傳統，站穩國際。以蒙面應對似乎無所不在的病毒，一如當年科學理性只針對有限範疇認知的「蒙面效應」，一點不錯，遮蔽了一些感官的蒙面，也許能夠讓我們生存，但這場疫疾過去後，我們是否會如小說《瘟疫》（*La Peste*）所說，「瘟疫慢慢扼殺了我們愛人與相互親誼的能力」？

五、新世紀中的科學啟蒙

自百年前的五四以降，科學啟蒙一直是我們文化中的大題目，但是長久以來，思維多聚焦於科學帶給我們的啟蒙，沒有深思對於不同的文化，科學啟蒙自有其不同的意義。

歐洲的啟蒙也有科學思維的影子，近代科學萌起的歐西世界，自是一個基督教文化世界。近代科學與基督宗教也有其內在的依違衝突，那些辯論在歐洲內部雖也激起過漣漪、引致反思，但是因著科學力量而來的船堅炮利，不僅造就了歐洲在世界無往不利的殖民擴張，也讓歐洲社會生出唯我基督真神信仰的理性，是使其他文明臣服歸順的昭昭天命。

我們也是十九世紀歐西科學文明刀兵強擄的犧牲者，屈辱的經驗讓百年前的所謂科學啟蒙，只有全面崇仰臣服，並無真正的啟蒙反思，時至今日，仍有遺緒未去。

近代科學歷百多年的傲然昌盛，在上世紀末已現襟肘支絀的困境。新世紀的世界，因有資源經濟爭奪的日益緊迫，科學的致用之功自然還是各文化不可輕忽的倚恃，但是對於科學由思維到舉措的反思，確也愈見顯著。對於不是萌生近代科學母文化承傳的我人文化，新世紀中的科學啟蒙，更為緊要。

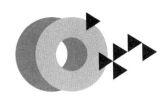

百年巨變看科學

「百年巨變」的概念喧騰有段時間了，起初是在政治層面，後來也影響到社會意識，引起相當的關注與討論，如果由歷史縱深來看，百年巨變是以上世紀的第一次世界大戰為坐標。一戰後的世界確實有了大變，但是百年巨變卻是更為不同的一個大變局，值得探究。

二〇一八年十一月，歐洲舉行了紀念第一次世界大戰結束的活動，一九一四至一九一八年的第一次世界大戰，是人類歷史上首次幾乎將全世界捲入的戰爭，在歐洲造成一千六百多萬人死亡和兩千多萬人受傷。那場戰爭雖說是歐洲的內戰，對於世界卻也帶來深遠影響，形塑往後至今的世界形勢與思想。

由近代歷史看來，第一次世界大戰對世界局面的大影響，是三個大帝國的崩解；第一次世界大戰引發地的奧匈帝國，戰後的崩解重塑了歐洲格局，鄂圖曼帝國的崩解，給中東帶來動盪的因子，俄羅斯帝國的崩解，則是三十年後冷戰局面的起始肇因。

說一戰是歐洲的內戰，可謂一點不錯。一戰的爆發雖說導火線是奧匈帝國皇儲遭到暗殺，但背後蓄勢的根源，正是歐洲近世向外擴張引致的國家帝國主義衝突。如果我們追問，是什麼造就了歐洲列強的帝國主義擴張，答案正是被許多人美化為人類理性高峰的近代科學。歐洲強權靠著科學知識而來的船堅炮利，在拉美、非、亞殖民擴張、掠財奪物，列強因爭奪殖民利益衝突，乃引致第一次世界大戰的爆發，死傷慘重。造成如此慘烈生靈塗炭的原因，正是因為一戰中使用了如毒氣、機槍、坦克與潛艇等大規模殺傷武器，而這些武器無一不是科學知識應用的產物。儘管如此，大部分歐洲人還有這是他們優越「理性」神聖使命的信念。

四年一戰的傷亡枕藉、生靈塗炭，多少打破了過往歐洲基督教文化昭昭天命的傲慢，文化反省的聲音此起彼落，歐洲思想主流興起對科學的質疑。哲學思維如柏格森的直觀主義，胡塞爾的現象主義，都是對於科學實證主義的駁斥與挑戰。戰後德國哲學家史賓格勒（Oswald Spengler）的巨著《西方的沒落》（*The Decline of the West*），直指科學是西方文化之癌，另外著名作家雷馬克（Erich Remarque）的小說《西線無戰事》（*All Quiet on the Western Front*），更透露出一戰後歐洲普遍悲觀的情緒。

因此就科學來說，一戰之後以迄於今日，歐洲文化傳統中，一直有著一種對於科學的質疑與批判，挑戰科學強大實證效果背後的文化價值。只不過一戰後歐洲列強面對新起強權的美國、日本以及俄國，仍縱橫捭闔於帝國勢力的重新分配，終致不到二十年，便再發生了第二次世界大戰，而這場死傷更加慘烈的戰爭，最後卻是靠著科學知識而來的原子彈，決定勝負改寫歷史。原本挑戰科學的哲思立時拋諸腦後，科學重返人類文化的強勢地位。

二戰結束時美國工程專家布許受命寫下《科學，無窮盡的疆界》，重申科學研究的重要。布許文筆出眾、辭藻動人，聲稱科學研究如果可以幫美國贏得戰爭，同樣有助於維繫和平，尤其是冷戰期間科學與國家安全掛鉤，冷戰後資本主義市場經濟的勝出，科學在公眾健康與經濟方面帶來的福祉，亦趨促科學再次站上主流地位，主宰人類宇宙思維，決定社會政經取向。美國人民就在瀰漫著科學樂觀的社會氛圍下，讓科學研究成為國家進步機制的一部分，政府開始以納稅取得之資源，資助科學家從事研究，此一制度承傳至今，已超過一甲子時光。

科學研究需要多少經費，或者說科學研究應該有多少經費，多年來一直是一個爭論不休的問題，尤其在教育體系持續擴張，造成科學社群快速膨脹的當下，粥少僧多的問題愈益嚴重，也造成科學家與政治決策者之間的緊張甚至對立。

二〇一八年年末，《自然》雜誌刊出一篇文章，討論的是一戰之後，戰時擔任過英國戰爭部長的霍爾丹（Richard Haldane），給當時英國首相的一份報告，這份報告所揭櫫的理念，後來稱之為「霍爾丹原則」。

霍爾丹原則主張何種研究值得受到政府的資助，應該由科學家來決定，霍爾丹的報告更敦促政治人物的決策，應該聽取科學專家的意見。這篇文章在現下的出現，是因為近年有愈來愈多民粹走向的政治決策，反映出專家意見權威的式微。其實霍爾丹提出的報告，並沒有受到當時英國首相勞合・喬治（David Lloyd

George）的重視，因為一戰之後，英國真正關心的，是與歐洲強權爭奪戰後新局面的資源。霍爾丹提出的報告，特別稱許德國的教育與科學，認為德國的文化、工業、研究與政策形成的完美統合，是造就出德國優越國力發展的道理所在，他報告的用意，其實是建議英國應效法德國的成功模式，以便更有效的利用科學，在世界諸多的英國殖民地贏得更多利益。

霍爾丹的報告，也具體展現出科學力量與歐陸帝國強權擴張的因果關聯，彰顯出科學成為顯學的根本道理所在。這背後卻反襯出一些科學家的盲點，認為他們根據合理性原則得來的知識，必然具有更高的道德價值。已故美國眾議院科學委員會主席布朗一九九二年在《科學》雜誌上的幾句話，「科學研究的自由要得以繁盛，只有在一個經常亂糟糟，看起來好像不合理的多元政府大體制中，才辦得到。」他也引述艾森豪總統的名言，「我們固然必須尊重科學研究和發現，但也千萬要警覺，公共政策成為科學菁英宰制所可能造成的等同危險。」

一戰結束霍爾丹提出報告之後，不只是日不落國的大不列顛王國走向衰落，奧匈帝國與鄂圖曼帝國解體，俄國革命與德國革命都造成世界的巨變，在亞洲方面給我們文化帶來最大衝擊的，則莫過於一戰結束次年發生的五四運動。五四運動起因是中國雖然為一戰貢獻眾多華工的勞力生命，戰後一些華工依然持續遭法、英強權利用，轉輾流離、客死異鄉，然而戰後中國依然是列強權力交換的犧牲者，也因此，帶給歐洲列強向外擴張力量的科學，便以賽先生的救亡面貌，成為我們文化中的崇仰標的。

過去一百年的時間，可視為我人文化的一個「後五四運動」年代，總以西方思想和制度發展為一種典範，如以科學力量促成的國家發展來看，後五四運動不可謂不成功。這也使得二戰後崛起而成為全球獨霸強權的美國，自二〇一八年開始對快速興起的中國經濟宣戰。

如果回顧霍爾丹這份由一位政治人物提出的科學報告，在英國相對還是帶來了影響，使得英國在科學政策與工業發展方面，同樣側重文化的影響因素，而政府內閣中有教育、文化與科學統合部門組織的日本，也成為亞洲國家學習歐洲的一個成功典範。

在未來的一百年，我們如何以一個「新五四運動」，由不同於西方科學文化思維中再造新境，是很值得深思的。

科學必須與時俱進

二〇一九年十一月間英國最具代表地位的科學期刊《自然》雜誌，刊出了一些文章。回顧《自然》雜誌一八六九年開始發行，之後一百五十年的科學影響與變局，其中曾經做過《自然》雜誌總編輯的博爾（Philip Ball）寫的一篇文章〈科學必須與時俱進〉（Science must move with the times），令人眼睛一亮，這樣的文章是一般浸潤在科學研究中的科學家寫不出來的。

博爾曾經接續麥道克斯（John Maddox）擔任《自然》雜誌的總編輯。二〇〇九年去世的麥道克斯，先後主持《自然》雜誌二十二年，期間重塑了《自然》雜誌對於科學論文發表「同行評核」的規範，他大大放寬創新想像力的空間，不拘泥於科學界的窠臼陳規，公認是使《自然》雜誌脫胎換骨的偉大總編

輯，博爾雖說沒有如麥道克斯的貢獻，確也是學養俱優的科學文化人物。

博爾在《自然》雜誌上常發表文章，也出版書籍，顯現他在科學文化方面的寬廣視野，以及孜孜矻矻的勤勉工作。這回他寫的〈科學必須與時俱進〉文章，不只深有見地，也顯現出他意識到科學已面對的歐洲世紀文化局限。博爾在這篇文章中，回顧由《自然》雜誌出刊的十九世紀電磁學大師麥克斯威（James Clerk Maxwell）時代至今的科學探究，指出「今日科學面對的最大問題，是由麥克斯威以降一百五十年來，方法論、運作與特質皆一陳未變的科學，是否能夠符合解決當今我們面對挑戰的目標。」

博爾提到過去科學向著極小與極大兩個尺度的主流探究著眼，譬如基本粒子與宇宙結構，雖說看似頗有些成就，但在探究中間尺度，也就是與人類經驗密切相關的複雜問題卻出現很大問題，博爾由多重宇宙到暗物質，由生命基因化約到人類認知與演化的自我定位，其所顯現出的科學思維困境，質疑當前科學研究體制的評核制度、甄選資助機制，是否能夠達到拔優擇卓的目標。

如果用心關注近代科學一百多年沸揚升騰發展的歷程，應也會有如同博爾的觀察識見，只不過二次戰後近世科學研究體制化的發展，其日益僵固的評核機制，表面上看似建立起一個嚴整其事的面貌，實際上卻是窒息了人類面對宇宙無羈的創意思維。

科學興盛的近一個半世紀，雖說也有跛躓跌宕、波折起伏，但是整體而論，近代科學帶來的影響，由思維模式到致用抉擇，可說已是蔚為風潮的共認意識，博爾這樣的科學文化評論者，雖然認識到近代科學由思維到致用的諸般困境，但畢竟是西學文化中人，總難脫歐西文化傳統思維的囿限。

其實在科學當前危機面向的內裡，我們卻可以有因於不同文化傳統的無羈思考。我在一篇文章〈我們是怎麼迷信起科學的〉中曾說，「那麼此一以『簡近因果』、『實徵致用』為核心的近代科學思維，又有何困境呢？簡單來說，科學簡近實用的特性，面對線性簡明問題，容易知其因果，致其解答，得其應用，然而面對複雜多因問題，則常顯現『只識表徵，未見癥結』的盲點，此由科學知識內涵之探討，到科學知識之運用，不一而足，明顯之例，由以化約線性思維面對複雜生命現象的『治標害本』，到近來宇宙物質探索的迷於虛奧推論，演成知識危機……」。

面對科學百年巨變的歷史大氣候，走出五四餘緒的思想迷障，此其時矣！

五四未竟的啟蒙

對於我們社會和文化層面來說，每年五月四日應該有其特別不同的意義，因為五四運動倡議要學習以及高舉的科學，給原本沒有科學文化的我們帶來了所謂「啟蒙」，為中國近代思想與歷史發展，帶來了深遠影響，意義重大，只不過一般人並沒有意識到五四運動對我們的更深層影響。

五四運動的爆發，背後有一個漫長歷史背景。十九世紀清季以來的挫敗屈辱，主要來自歐西強權的侵門踏戶，而歐西強權之所以能夠殖民擴張，倚恃的主要是十七世紀以降的近代科學，近代科學讓歐洲那個相對起步較遲的文明，快速崛起，靠其船堅炮利，由拉美、非洲到中東與亞洲，四海揚威，表面上宣揚真神信仰，其實是強取掠奪，有句西方擴張時的話說，「信靠上帝，但是保持火藥是

乾的。」

由十八世紀末起，廣袤豐腴的中國，就成為歐西強權覬覦的目標，清乾隆時國勢尚殷，對於千里迢迢而來的英皇特使，並不重視，對於英使所提的開放通商之請，不但未予同意，還倨傲以對，也引致四十年後的鴉片戰爭，簽下頭一個割香港賠巨款、喪權辱國的不平等條約，爾後列強紛至沓來，屈辱接續掩至，到二十世紀初清朝敗亡，民國肇造，卻還是一個國之不國、民不聊生的慼局，到了一百年前終因歐戰結束後，山東半島的美日私相授受，人為刀俎我為魚肉，乃有五四運動的全民覺醒。

所謂覺醒便是一個啟蒙運動，內裡的深意便是要以他人進步思維，啟自身之蒙昧也。歐西之所以強者，就是十七世紀以降的科學，五四運動於是提出「科學」與「民主」，以「賽先生」和「德先生」教之於社會人眾，其實那時歐西強權，一些也還不是民主體制，科學則無論如何帶來了強兵巨艦，此等強勢之力深入人心，因此救亡之外，更要有啟蒙思維，科學就是啟蒙的意識就此確立。

一百年來所謂救亡之路，許多確是拜科學之力，也可以說有相當成效，但是就思想啟蒙來說，則恐怕是教條意識當道，培養出的多是視科學為絕對價值，全沒有思辨探究之念，因此到如今確實還難謂已有真正啟蒙之效也。

如果以百年前的社會景況，強調以科學之力解決國祚凋敝的救亡之急，可說還是合理之為，然而一百年後面對著經濟強起，國勢益盛的大勢，衡度科學在理論與致用方面碰到的困局，對於科學的啟蒙新思，自然就應該是頭等要事。

也許有人認為，談論科學啟蒙是過於抽象的論理，與一般生活事務距離遙不可及，也無關宏旨，事實上，由科學給予我們的啟蒙意義，決定了我們如何評價科學，也決定了在生活中，我們如何評價科學給我們帶來的訊息。

簡單來說，科學之長主要是其探究事務與生機之理時，其方法強調所謂的簡近因果，也就是在一個局限條件下的線性因果關係，因此其知識內涵也就易於實徵致用，造成深遠影響。然而近時的科學進展，由理論探究到實徵應用，都出現諸多困境，究其原因，則在於世事中有深刻意義的，多不是在限定條件下以簡近因果所能探知，科學秉其過往成就，雖奮力向前，卻已見左支右絀，開始深自檢討，我們如只知一味跟進，實昧於真實景況。

但是就所謂的文化啟蒙而論，百年來科學在我們文化中呈現的意義，仍有許多值得再反思的。

我們社會迷於科學即啟蒙，認定科學乃絕對顛仆不破之真理，我們常聽人說，某些事情是多麼的科學，或者說起傳統文化與科學的關係，也不時有云，謂我們文化中的一些思想，其實也是很科學的。這些說法顯現的，就是對於科學的一種絕對價值觀。

這種絕對價值觀甚至在創生科學之歐西文化之中，亦未有也，此中關鍵思維，在於科學只是認知宇宙生命現象的一種辦法，卻不是唯一的辦法，宇宙生命現象的存在固是客觀的，但是科學提出的解答卻是主觀的，其中因文化而致的主觀性，更有關鍵影響。

如果回顧由一九一九年五四運動以來的所謂科學啟蒙，其核心的意旨是在兩個方面；一個是要再三強調，科學思維的完美理性特質，另外一個就是要指出，除非我們真正認識到科學的傳承精神，並且在文化中塑造新思維，否則學習到的科學都不過是皮毛表象，難得其精髓。

這個說法當然是很對的，也一再反映於五四之後的一些科學與文化辯論，以致近幾十年安定時代的科學文化建構，到近十年中國因經濟建設成功所引致的一種類似科學文化復興的氣氛，這些不同時期的社會條件雖說相去甚遠，但內在的思維模式卻是相差無幾，如果以思想啟蒙來說，可以說是一脈相承，卻沒有尋思反省科學的特質所在。

近代科學的邏輯數理推論，自是嚴整縝密，但近代科學之所以能沛然大成，則非拜實徵致用不為功。然而，實徵致用固有船堅炮利之效，也難免簡近因果之蠹，此處無法論其縈縈大者，只就一二事例，窺其囿限。

近時可說當紅的生命科學領域，特別是在生理醫學的前臨床研究，便已經一再的出現所謂的可重複性問題。近代科學的一個長項，是實徵能夠重複，也因此而能有致用之效，但是在面對複雜生命現象的生理醫學研究，卻面對了許多難以克服控制條件的（幾乎是先天的）困境，由於此些研究關乎醫療方法與藥物的效用，也牽涉龐大經濟利益與法律爭議，引起很大的討論。

目前科學實徵的爭議，其實並不僅止於複雜演生的生命現象，就是在物質現象與天象方面，也有因研究尺度的微小與超大，過度脫離直觀經驗，完全借助儀器訊號，甚至依靠或然統計定奪的方法，此等探究的虛擬假想與預期運算，造出人創的所謂結果，其實與客觀共驗的自然現象，或近代科學的實徵特質，已相去遠矣。

毫無疑問，已經成功幾百年時間的近代科學，會繼續影響人類的文明生活，但是看近代科學長短相生的先天困境，如果以我們的文化啟蒙來看，則顯然需要新的思維。是不是我們應該繼續循著近代科學的軌跡，亦步亦趨於探究那個外來傳統的真義，還是可以開展一個由中華文化傳統出發的新宇宙思維？在近代科學面對挑戰也自我反省的當下，很值得我們去做一些努力。

曾得到諾貝爾獎的大物理學家維格納（Eugene Wigner），在他一篇有名的文章〈科學的局限〉（The limits of science）中說，「科學最為特出的一點，是科學的年輕。」一點不錯，如果以宇宙長河中地球存在的數十億年時光，人類存在的百萬年光景，和人類有紀錄歷史的幾千年時間，由牛頓算起不到四百年的近代科學，直如千古一瞬，難道就是人類面對宇宙的最終極思維？

科學百分之五視野的智慧

根據物理學家以及宇宙論學家的說法，探究我們所生存宇宙世界的狀態，其間一定存在著一些我們弄不明白的物質，這其中有百分之二十七叫做暗物質，另外還有百分之六十八的叫暗能量，簡單來說，就是我們現今物理科學所探究的，只是整個宇宙物質的百分之五，而且對於這少量的物質，也還有許多弄不清楚的地方。

因此現在所說的科學，頂多就是由我們所能探究到百分之五的物質，所得到對於宇宙的一點認識，如果目前對宇宙的認識都是可靠的話，那麼這樣一個知識體系所認知宇宙的真確性，最多也只有百分之五的可信度。

當然科學的成功是有其道理的。科學在可以控制條件的範圍中，能夠很清楚的解釋物質的因果關係，也能夠很明確展現出這些因果關係的運作，這正是近代科學成功的關鍵道理所在，那就是實證，因此我們常說近代科學是實證科學。

科學處理簡近因果的成功，造就了一個以科學思維為基礎的近代紀元，這個近代紀元由歐洲文藝復興以降，因著大航海時代的海上貿易，加上近代科學接續而起的殖民擴張，到十九世紀的橫掃拉美以及亞非，可以說達到一個頂峰，一直到二十世紀的第一次世界大戰。

對於這個因科學而起近代紀元的興起與困境，討論很多，離現今較近的，是一九九二年當時捷克總統哈維爾（Václav Havel）在瑞士達沃斯世界經濟論壇的演講〈近代紀元的終結〉（The end of modern era）。哈維爾在這個演講中，以共產主義的垮台，做為這個客觀推理思維快速發展紀元終結的象徵。

哈維爾認為，因共產主義失敗造成的冷戰終結，不只是西方興起世代的終結，更是人類一整個近代紀元的終結。他說的近代紀元，正是近代歐洲由文藝復興以降，因科學思維革命而興起的一個紀元，這個紀元的特質是推理認知思維的快速進展且大行其道，也讓我們有一個信念，就是靠著客觀思維的認知操控，便可以得到宇宙的唯一真理，並讓我們有著科學思維方法必定帶來進步的信念。

因為共產主義如同科學推理思維的近代紀元，都是希望以客觀推理思維，找到一個能宰制宇宙萬物的單一普適理論，並且以這個思維理論去控制整體社會的生活。所以哈維爾認為共產主義是這種思維的極致發展，共產主義的失敗，正標示著科學思維世紀的終結。

哈維爾說，共產主義並不是被軍事力量擊敗，而是被將多元、真實的人類經驗，禁制在單一意識型態的反抗所擊敗，這個由客觀推理思維所建構起來的近代紀元，雖說在地球上創造出一個科技文明，但是這個文明已經面臨發展極限，造成諸般問題，前景是萬丈深淵的危機。

他認為科學的客觀思維模式，給予我們的是對於世界一種去除個人主觀感受的描述，這些描述追求的是推理思維的絕對性，帶來許多可能摧毀我們的結果，而我們面對這些科技的致命後果，只將之視為技術上的瑕疵，認為只要有更多更好的技術就可以解決。

哈維爾認為，人類必須面對這些迫在眉睫的危機，重建人類在客觀思維之外的真實感受，例如對於價值正義的堅持、對於差異個體的尊重、以及追求生命中品味的智慧，而不只是尋求更多解開宇宙奧祕的知識和技術，讓人類許多其他形式的經驗，能夠與科學知識等量齊觀。

說到頭，以人類認知能力極為可能的有限性，繼續無限度的追求客觀推理思維，以及戮力開發建基其上的技術，可以說是一種相當盲目的行為。我曾經將當前高科技產業的競爭，比喻其發展好像是一種少年飆車的行為，追求的只是速度標準的極致，卻沒有深究到底要達到的目的地何在。這樣的高科技，其實是低智慧的。

科學與黑洞照片的真相

二〇一九年五月，在一個廣播節目中談及科學，才發現一般對於科學的界定認識，相當的出我意料。我發現一般觀念總認為，我們認知外在世界中的宇宙和生命現象，就是科學，是一個純然客觀的作為。事實上，外在世界中的宇宙和生命現象，確實是客觀存在的，但科學是我們對於這些現象的認知與理解，當中的過程十分主觀。也就是說，我們觀察外在世界的眾生表象，產生的是一種自然哲思，但科學則對這些自然哲思提出進一步的解釋，說明這些現象存在的緣由道理。

那麼一般所說的科學客觀性，又是怎麼一回事呢？目前科學對於萬物諸象提出許多猜想，以不同方式來解釋那些現象的成因道理，然而這種種理論猜想，卻是個眾聲喧譁的局面，最後決斷這些猜想價值的辦法，則是所謂的實證作為，也就是用做實驗的辦法，來檢證諸象中的因果關係，這就是科學實證方法建立起的所謂客觀性。

由前述科學形塑其客觀性的過程，可以清楚的看出，由猜想理論的提出，到後來的實驗檢證，無一不是一個主觀的作為。科學探究者面對問題所提出的理論猜想，一方面是建基於過去科學知識中對於相關現象的認知，另外再加上自己的判斷、視野而來；同樣的，檢驗這些猜想的實驗方法，也是由科學探究者主觀設定。因此，我們現在夸夸其談的所謂科學客觀性，事實上只是一個有限度的相對客觀性。

科學的這種有限度的相對客觀性，之所以能建立起它的普遍價值，是因為在科學檢證的有限範圍中，其因果關係是簡近直接的，因此這些在局限範疇中的簡近因果，容易引致而成為可以實徵致用的原理，造就出技術工具化的效果，因而能大幅改變我們面對外在世界的能力，開展出嶄新的文明面貌，這也正是三、四百年前近代科學由歐陸萌生，爾後造成其生產力的大解放，以及因市場需求而開始殖民擴張的根本道理所在。

在一般認定中，科學似乎是一個極其準確而且成功的解釋體系，甚至賦予其理性客觀的特質，其實在科學的真實運作過程中，大多數的嘗試是失敗的，也就是說，許許多多科學的猜想，後來並沒有成為公眾認可的科學知識內涵，煙消雲散了。大物理學家楊振寧就曾經說過，如果重新來過，他寧願做一個數學家，而不是物理學家，因為數學只要是合乎邏輯，總是會有些意義，而目前物理科學分支太細，離開最基本的初始想法太遠，容易流於空想。這樣的物理理論猜想目前十分氾濫，楊振寧曾經用「天花亂墜」來形容，認為這些工作其實並沒有什麼價值。

當然近幾百年來，科學確實建立起它的一種形象，在近代社會中成為一種主流的知識體系，究其原因，正是大科學家維格納在他有名的文章〈科學的限度〉中所說的，「近代科學的成功不是來自知識理論的正確合宜，而是來自其可以發揮的巨大應用效力。」

科學的巨大應用效果，對於歐西世界自是帶來了巨大衝擊，對於我們社會，則更有不同的深遠影響，原因是我們面對近代科學，還承載著由十九世紀清季以降的歷史遺緒，也就是面對了由科學造就列強船堅炮利而來的屈辱，因此對科學的價值便無限上綱，認定科學是最為完美的知識，因此五四以降的思維，科學就是啟蒙的同義辭，認定科學知識是啟我們蒙昧的至理明論。

在五四之後經歷一百年的歷史過程，我們面對科學，自然需要有一個全新視野的道理，是讓科學回歸它應有的評價，不致成為包山包海的絕對思想指標，一言以蔽之，就是不要迷信科學。

我們可從近時的一事例來看。二〇一九年四月世界多國合作的「事件視界望遠鏡」計畫，以網路連線方式，同時宣布了他們所得到的所謂頭一張黑洞的照片，一時間引起社會甚大的矚目。黑洞是天文學中推論的一個想法，兩百多年來有許多討論和猜想，正是一個標準的理論作為，但是隨著人類探測宇宙天象能力的改進，以往天文與宇宙學家的諸般數學猜想，便日益有了相對應的證據，讓他們宣稱黑洞的真實存在、黑洞的方位以及如今的頭一張照片。

天文學的一個特質，其實挑戰著科學最根本的一個價值標準，那就是天文科學的宇宙星辰，是無法在科學的控制條件下進行簡近因果驗證的，因此天文科學多數只能夠推想猜測，並且以各種數學辦法去合理化種種推想，是標準的一個「暗屋中找黑貓」的作為，至於說到底有沒有貓呢？就是一個信心的問題了。

我們可以用一個事情來作比喻，譬如發生火災後，消防鑑識專家通常是仔細勘察整個火場，然後才能夠判斷火災發生的可能起因，如今許多天文和宇宙的「發現」，有點像火場鑑識專家只是拿火場的一顆碳粒，就要判斷火災的起因。其實如果以我們現在所能觀察到的宇宙，和整個宇宙來做對比，目前天文宇宙學家據以推論的證據，恐怕比火場中的一顆碳粒還要少呢。上世紀六〇年代最早創造出「黑洞」這個名詞的著名物理學家惠勒（John Wheeler）就說，「不要去追趕巴士、女人和天文學理論，因為過十分鐘又會有一個新的冒出來。」惠勒此言所針對的，正是天文學理論。

科學的猜想未必全無價值，只是我們應該知道這些推論猜想的局限所在，也只有打破了對於科學的盲信，我們才可能開創一個有自我文化底蘊的深厚思維，這也是科學啟蒙更為重要的意義所在。

追求大科學的迷思

二〇一九年九月，創設於香港的中國未來科學大獎，宣布了當年三個項目的四個得主，每一項目的獎金是一百萬美金，雖說目前世界上，還有獎金更高的獎項，但是以中國當前的平均經濟來看，也可以說是巨額大獎了。

中國的快速崛起，近二十年討論很多，但是科學研究成就不同於經濟與國力的崛起，除了需要更長時間承傳累聚，還有一個更深層的文化影響因素，中國近年大力強調多只是科學的進步意義，鮮有就此文化層面深入探究。

二〇一九年正好是五四運動的一百週年，五四運動與科學的關係，一言以蔽之，就是要以科學之力來救亡，以科學之理來啟蒙。

一百年來這個問題的討論，可謂汗牛充棟，在二〇一九年《聯合報》的

「五四運動百年專輯」系列中，我也寫了〈科學啟蒙再評價〉（見本書附錄），文章主要的意旨指出，科學這個面對宇宙生命的思維，與創造者的文化承傳息息相關，對於不同文化所帶來的意義，也就大不相同，因此面對近代科學真正啟蒙的挑戰，就是要問一問，科學在我們文化中產生的深層意涵是什麼。

如果就這個方面來看，新創的中國未來科學大獎，就特別應該關注這個面向的問題，應該鼓勵的是真正能在文化意義上，給中國未來帶來新視野的科學成就，而不是跟風隨潮的追捧世界已有的一些科學方向。

二〇一九年中國未來科學大獎得獎的四位科學研究者之中，生物醫學與數學密碼學給獎的項目我不熟悉，但是對於獲得物質科學獎的微中子新震盪模式，比較有一些認識，這是二十世紀以降粒子物理中的一個熱門問題。

獲得這個獎項的，是深圳大亞灣微中子實驗領導者王貽芳和陸錦標。這個實驗因為是利用既有核電廠的輻射微中子源，不需建造地下實驗廳與探測器，費用相對的比較便宜，總經費是一億七千萬人民幣，以當前一般粒子物理實驗來說，費用相對是少的。獲獎者之一的王貽芳，也是中國科學院高能物理研究所所長，他近年一直在大力推動的計畫，是要在中國蓋一個超大的高能量加速器，計畫的費用至少是一百億美金，比前大亞灣的微中子實驗，可說要大了千倍以上。

為了要不要蓋這個超大加速器，二〇一六年有過一次較受到社會矚目的公開辯論，此一辯論之所以受到社會矚目，是因為反對中國造超大加速器的，是世界公認的科學家楊振寧。

其實楊振寧的反對中國蓋大加速器，並非只在近年，四十年前中國改革開放初起步，一些物理學家就曾經倡議在中國蓋一個大加速器，當時的一個說法是，「中國應該對人類文明有所貢獻」，近年倡議中國蓋超大加速器，同樣也有「中國應該對人類文明有所貢獻」的說法。

這回提出類似說法的，是著名的數學家丘成桐，他的說法是中國不應該只做房地產，也應該對人類文明有所貢獻，因此他建議在山海關附近蓋這個超大的高能量加速器，與萬里長城相呼應，成為中國對人類文明的又一項貢獻。

那麼楊振寧反對的理由是什麼？一九七〇年代楊振寧反對的理由，是當時中國還百廢待興，國家重要的建設多的是，高能量的大加速器看起來龐然巨構，在科學上卻是強弩之末，因為當時加速器愈蓋愈大，卻一直找不到有物理深意的新粒子，因此便出現了所謂的「能量大沙漠」之說，就是一些理論學家認為，恐怕在很大一個能量範圍之內，會找不到什麼粒子，是一個荒蕪大沙漠。

這回在對於要不要蓋加速器的辯論中，公開了一段一九八〇年在美國一次高能粒子物理的討論，當時包括好多位得了諾貝爾獎的重量級物理學家，在那爭論所謂「能量大沙漠」的真實性，最後他們一定也要在座卻不願參加討論的楊振寧發表意見，楊振寧在得到同意不公開他的意見的但書下，表示他對於高能物理極度悲觀的看法。

現在回看過去三十多年的發展，楊振寧的看法對不對呢？我認為大體上是對的。不錯，近三十年來粒子物理還是有不同的進展，甚至還有工作得到了諾貝爾獎，但是就形成一個有深刻意義的宇宙認知來說，意義不大，或許用一個不完全真切卻最容易瞭解的比喻，就是這些實驗好像極端精確的去測量了一個人的體重，但是對於這個人如何有這樣的體重，卻依舊提不出解釋。

楊振寧昔時至今的反對造大加速器，由理論上的空泛，到耗費經費的龐巨，可說一脈相承。美國二戰之後，在高能粒子物理不成比例的大發展，有二戰核武研究的影響，幾年前在中國是否應蓋超大加速器的辯論中，在美國波士頓大學做物理科學哲學的曹天予，曾經發表一篇很深刻的文章〈丘─楊分歧及其語境：對撞機的價值與利益集團的忽悠〉，說明美國自一九七〇年代之後，便已不大力支持粒子物理的整體社會考量，他也很清楚的說明，幾十年來粒子物理實驗結果的空泛無著。

近年來中國喜歡宣揚一些大的科學計畫，譬如在貴州的天眼計畫就是其一，這幾年還在醞釀中的超大加速器計畫是另外的一個，這些大科學計畫似乎給中國帶來國家形象上的助益，但是要耗費多少資源，則更是一個很值得探討的深度指標。

是不是蓋大加速器找尋虛緲粒子，就是對人類文明做出貢獻呢？這正是科學在我們文化中值得深思的啟蒙意義問題。曹天予在那篇文章結尾時說得很好，「從幾千萬離鄉背井打工蟻居的農民工身上擠出來的上千億應該怎麼花，能讓幾個實驗專家說了算嗎？」

極大與極小的科學難局

回顧人類探尋自然宇宙的歷史，近代科學的自然思維源頭，是上溯自希臘的思辨傳統，在希臘自然哲學傳統中，有一個找尋自然宇宙最小結構物的思維，希臘的自然哲思大家中，德謨克利特（Democritus）發展出系統的「原子論」，是總成這個傳統的代表思維，這個探尋宇宙最小結構物的傳統，也就貫穿了爾後近代科學的思維。

檢視今日科學進展的路徑，很容易就可以看出這種向著微小結構探究的走向，譬如近代物理科學的探究最小粒子結構，生命科學走向以所謂的最小「基因」，做為探究生命現象的依據，這樣的走向雖說有其歷史的應然，也有著一些歷史的偶然。

在對於近代科學以實證方法檢證因果的許多討論中，一般認為愛爾蘭科學家波以耳的氣壓定律是一個典範代表，但是在波以耳自己寫的《懷疑派的化學家》書中，他所堅信的卻是對於宇宙的一種哲學探究傳統，不喜歡十七世紀當時以化學成分合成製藥的發展。其實化學合成的走向，是後來近代化學以元素決定物質性質思維的根源，波以耳面對這樣的思維，態度是懷疑甚至抗拒，因此，他也對當時化學汞硫鹽三元素的存在持疑。

不過波以耳依然相信萬物同根生的想法，這其中也有當時基督教所認定的，萬物皆由上帝所造「最小物質粒子」構成的信念，同樣還是一個化約的概念。

當然一百年後法國科學家拉瓦錫（Antoine Lavoisier）的工作，提出化學元素的數學定性，特別是他以氧元素能夠促成燃燒的實證，進一步使得近代科學走向化約論，到十九世紀的道耳頓（John Dalton）提出原子論，近代物質科學的化約論發展也就更加底定。

十九世紀末，湯姆森（Joseph John Thomson）所謂電子的發現，是物質化約論的進一步里程碑，因為那個發現顯現出原子有更小的結構，原子還可以分離，於是有了原子結構模型，但是那個時期的許多發現和提出的理論，多是黑燈瞎火的猜測。

對於量子力學發展期間，出現了許多難喻的微觀現象，德國大物理學家海森堡和他的學生魏斯科夫（Victor Weisskopf）在歐洲一個泳池外說的話，可說是最傳神的說明，「你看這些人穿著衣服進去又穿著衣服出來，但是我們不能說他們在裡面是穿著衣服的。」

當然這一段時期的摸索與努力，還是得到了劃時代的成就，那就是終於有了能夠解釋描述如電子等的微小粒子行為的量子力學理論。

這當然也是近代科學化約論更進一步的發展，但是量子力學並不完美，因為這個理論的自洽數學無法完滿的面對物理圖象，有著認知客觀現象的哲學困境。

匈牙利裔的大物理學家維格納在美國哲學學會期刊上的有名文章〈科學的局限〉曾說，「量子理論至少是穿透了四個層次來描述客觀……。」因此驗證量子理論的實證努力，也就面對著諸多困境，近半個世紀代表著化約論主流領域的粒子物理科學發展，可說正是此一困境的具體展現。

當然近代粒子物理科學向著更小化約的走向，並非沒有成績，也逐步針對其所標舉的理論猜想，提供了補空填缺的結果，但是對於這些補實結果的價值評斷，則出現很大的分歧意見，莫說是在此領域中的一些大科學家持議悲觀，在此領域之外的大科學家，更有著直搗核心的批判，其中凝態物理的大科學家安德森（Philip Anderson）所寫文章〈多則另有新意〉（More is different）所說，「事實上，粒子物理學家告訴我們愈多基本定律的特性，它們和其他科學領域中真正要緊問題的相關也就更少，和社會中真正要緊問題的關聯，則更加的少。」是最有名的代表。

近代科學的晚近發展歷程，與早期歷史最大的不同，是科學研究的體制化，此一由二次戰後啟始，因國家機器大力支持而愈益成形的科學研究體制，已經成為一個積重難返的局面。

好壞固然難說，卻無可避免的要演變成因爭奪資源而起的爭議。前面提到的粒子物理科學，由於需要龐大經費，建造愈來愈大的加速器，已經一再的引起國家科學經費是否應該投入的爭議，二十多年前就有美國超級對撞加速器計畫的半途腰斬，近時在中國也有是否應該建造超大加速器的爭議。

在建造更大加速器來找尋更小粒子的科學化約大潮中，也有建造更大的天文望遠鏡，來探尋宇宙更大結構的科學計畫，這些科學倡議滿溢著人類迎向無垠未知宇宙的激情，激勵著許多科學家的投入，但是科學研究者卻忽略了一個事實，那就是，社會大眾之所以同意投入巨額經費，支持科學研究，是因為科學研究所能帶來的社會效益，因此科學研究最終也就不得不面對這樣一個社會需求的現實。科學研究的主觀意願，以及如何回應社會需求的客觀制約，已經成為近代科學研究體制面對的常態現象。

現實社會資源的條件明白顯現了，近代科學體制中的這種向著極小或極大的追尋，終究要面對資源與社會需求的客觀因素限制。科學研究者也應該瞭解到，探究宇宙奧祕的科學研究，從來不是一個直線單向的路途，不同的時代氛圍、不同的文化背景，都可以是決定科學探究思維的關鍵因素。

也許我們應該問一問，這種向著極小與極大的化約極端走向，是不是人類面對宇宙自然的唯一終極思維，我們這個與創生近代科學不同背景的文化傳統，是不是也能給人類帶來新的自然哲學思維，以及新的文明面貌。

新世代中科學的榮景與困局

每年年尾，《自然》雜誌都會回顧前一年的科學進展，而在二〇一九年的年度回顧中，雖然一樣談到了一些科學的成就，但是特別多一些的是科學面對的挑戰，顯現出在人類世界新世紀中的科學變局，值得挑出來談談。

《自然》回顧的二〇一九年科學成績，有量子運算的首試成功，有首張黑洞照片的露臉，也還有一些天文探測的結果，但是回觀地球，則是環境生態的加速遭受耗竭威脅，生殖科技倫理界限的危險挑戰，科學社群性別平權的衝擊，以及特異病毒疾疫的危害，描繪出一個真實多變的世界景象。

二〇一九年十月谷歌（Google）研究團隊所完成的頭一個量子運算工作，是核計一個量子隨機數目產生器所輸出的數目，雖說應用效果十分局限，但卻認為是未來發展量子電腦的起步，一般覺得，量子電腦的超快計算能力，在新材料設計以及密碼破解方面潛力無窮。

在二〇一九年的科學回顧中，天文科學所公布的頭一張黑洞照片，是一項受到矚目的事件，這張廣示於眾的照片，雖說是一個類似半環狀的光圈，讓人們能想像一個黑洞的形象，其實這是一個叫作「事件視界望遠鏡」的天文計畫，根據近百年前的理論猜想，以及近年許多有先進觀測能力望遠鏡的探測，詳加比對與模擬，再依據此計畫分布於全球多處，觀測無線電波的望遠鏡所偵測到某一個特定方位的大量無線電波，而認定那裡存有一個我們人類無法「看見」的黑洞。

無論如何，這是相對於無垠宇宙，人類有限科學探測能力的一個「新視界」，但是我們也知道，那個我們看到的黑洞影像，與我們印象中的所謂視覺影像不同，那只是根據許多電波訊號，再利用高速度大容量的超級電腦，由科學家所預擬的軟體模型所創造出來。

這正是近代科學常喜歡自詡的所謂不可見的發現。這類發現不只出現在超大尺度的天文宇宙，也發生在一些超小尺度的微觀現象，只不過天文宇宙的發現，由於有巨象的星辰可以比擬想像，在社會上更容易得到共鳴、更容易取得經費；這也是近年大望遠鏡計畫多能夠得到支持，而大型加速器爭議不斷的道理之一。

因為二〇一九年是人類登陸月球的五十週年，登月計畫也大受關注，譬如二月有中國發射嫦娥四號登月探測器，完成首度在月球背面的登陸，也放出載有中國、荷蘭、德國、瑞典等國科學儀器的「玉兔二號」探測車。

但是以色列與印度的兩個登月計畫，卻沒能成功，從中可看出登月並不是沒有技術上的挑戰。另外法國與美國也有火星探測成就，與探測太陽系小行星的日本「隼鳥二號」計畫。

由太空回望地球，《自然》回顧特別提出聯合國跨政府生物多樣與生態系統服務科學政策平台的報告，認為因為地球棲息地破壞及氣候改變影響，造成數以百萬植物與動物物種的頻臨絕滅，跨政府氣候變遷小組的報告也指出，因為人類飲食朝向生蔬，更需要限制對農地的取用，認為如不採取行動，將無法達成巴黎氣候公約設定的限溫目標。

另外，就是由巴西總統波索納洛（Jair Bolsonaro）到美國總統川普對於環境議題的強勢抗拒立場，反映出這個問題在科學與社會共識上的差異，也引發了大規模的環境議題抗議運動，造成由美國到歐洲環保團體與政府部門的對簿公堂。

科學議題愈來愈引起諸多爭議，與科學思維的愈益深入社會活動，息息相關，但是隨著社會議題複雜度的日益增加，科學思維過往的優勢便愈益的顯現局限。科學思維方法之長是簡近因果的檢證，過往以此面對局限範圍內的線性簡明問題，易顯出關聯，得實用之功，但是當前包括地球氣候之類的問題，不但範圍廣袤，機制更是複雜多端，科學的左支右絀，自是不可避免了。

科學思維受到社會支持，二十世紀中兩次世界戰爭與之後的冷戰局面，是重要因素；科學知識在戰爭中發揮的決定性效用，奠定科學思維在社會中的主流地位，冷戰半世紀中，隨著人口快速增長，資源相對豐腴，科學實徵致用帶來的經濟成長功效，也就愈益彰顯而受到肯定。

二〇一九年《自然》雜誌回顧，可說具體而微展現了科學思維的變局，過去看似堅實可信的科學知識，面對著浩瀚無垠的宇宙、複雜多變的真實世界，顯現的卻是其認知的局限。

而現代商機造就的無人運作車機與戰爭惡行，隨身手機便利中的人性疏離，加上生殖科技的冒進挑戰，特異病毒疾疫的突發肆虐，難道這真如潘多拉盒子的預言，打開了便無可回首。

結語：科學的誤認與誤區

我們現在朗朗上口的「科學」，意念中總認為就是我們人類對宇宙的認知瞭解，其實這其中是有瑕疵的，也過於籠統。自有文明以來的人對宇宙認知，一般稱為自然哲學，而人類對於自然宇宙的認知瞭解，也可以說是整體科學的一部分，但是現在我們腦中所想、口中所說的科學，嚴格來說應該稱之為「近代科學」，在人類歷史中，是很晚近到十七世紀才有的一套對於自然宇宙的認識與解釋知識體系。但是因為科學的一種特質，使得它很快脫穎而出，成為現今主流的自然思維。

科學脫穎而出的主要特質，是它認知方式的實證作為，這種實證作為所建立起的事務因果效應，由於是在一個簡單與趨近的規範下施作，因此其應用效果十分明顯，促成器械工具發明，造就出技術工具產業化的巨大影響，也使科學在近代世紀中坐實強勢主流的不二地位。

近世科學面對人類過往古文明的自然哲學，雖說在實徵致用上顯出其優勢力道，但是也有許多借鑑古文明思維之處，譬如近代科學的化約論，與希臘自然宇宙哲學傳統中，所謂追尋宇宙最小結構物的思維，可謂一脈相傳，當然科學之與古希臘自然哲學斷裂脫鉤，除實驗檢證科學引用指數之外，還有一來自精確數值描述的分歧。

科學精確數值描述的特質，最具代表性的是由牛頓皇皇巨著《原理》所揭櫫，其所用以描述宇宙星辰以迄地表物體運動的預測能力，界定了科學數值描述精確性的意義與能力，也是近世科學與傳統自然哲學分道揚鑣的重要因素。舉例而言，譬如希臘自然宇宙哲思傳統中的風火土水，以及它們各自賦予的溼暖乾涼的官能感受，便逐漸被更精確數值的概念所取代，因為近世科學的新思維，是摒棄過往無所節制的不可靠純感官推理，進入精準描述的反理性思維，也造成近世科技的離開感官經驗的愈益遙遠。

數學精確描述的優勢性是無庸置疑的，尤其在物理性質固置的宇宙現象中，更能充分展現其優勢，這也正是科學在近世以來成功的主要道理，而且這種成功也還會在此些固置現象的應用方面繼續發展，因為相關的物理性質探索空間還有餘裕、經濟需求還有動力。

但是在面對宇宙與生命的現象方面，科學過往的成功其實也預言著未來的困境。過往科學成功的一個道理，是它控制因果與實證的辦法，是在一些因果簡近、容易線性關聯的事物上，產生顯著效果，但是在相對比較簡近因果問題解決之後，一方面面對了比較牽涉繁複、多重因果關聯的問題，以往成功的模式便要遭遇困難。此外，過去以簡近因果處理的問題，往往隨時間長久而產生新的因果困境，此時以往的處理模式也會遇上問題。

我想用兩個當前的例子來說明此些問題；一個是比較常討論的地球暖化問題。地球溫度的暖化是標準的多因果複雜問題，但是當前主流的面對態度，完全是科學的單一因果思維，也就是找一個單一、甚至是最為簡近的因果來思考，而且也進一步要用科學思維來尋求解決辦法。

地球溫度改變的問題，目前看似爭議不大，但對於造成原因則莫衷一是；主流說法的肇因是溫室效應，簡近因果則是二氧化碳帶來溫室效應，這完全是一個標準的科學式線性思維。而在其他變數受控的情況下，此一模式似乎相當合適，因此控制碳排放的思維，也就無比正確了。

然而，地球是標準的一個複雜多因系統，如何能以如此一個單一因果的思維界定？畢竟在大氣之中影響地球溫度的，就不止二氧化碳一端，大氣之外，也還有海洋溫度影響的變數，怎麼就一錘定音的都歸在二氧化碳頭上？

這個科學思維的結論卻是振振有辭，說他們預估的數據都吻合實際溫度測量，因此就更大膽的以統計外差法，加上電腦數值模型，推算出多少二氧化碳數量，在多少時間會造成地球多大的影響，標準的又是簡近因果的線性思維。深知內情者便知，近些年來所謂的地球測溫，有停滯或降溫之勢，於是現在有新的說法，叫做極端氣候，而評斷的標準也僅是人類生存的短短數十年，或數百年。其實天有不測風雲，古已有之，氣候的變遷無常本來是自然的常態。近時一些地球工程學者，提出多種局部控制地球的構想，仍不脫科學簡近因果的速效思維。

另外一個事例是癌症治療。近代醫學面對癌症，幾乎可說是束手無策的狀態，美國由上世紀七〇年代開始了抗癌戰爭，歷四十年已宣稱未能成功，新上任的拜登總統，最近又重提前幾年的癌症射月計畫，可見其心未去。

二〇一七年九月間《自然》雜誌刊出一篇專文〈癌症病人需要的不只是更多醫療技術，而是更多關照〉（Cancer patients need better care, not just more technology），作者是英國、印度與加拿大的三位癌症臨床研究專家，文章主旨是說，癌症最需要的是身心關照，不是新的藥技治療。文中關鍵的二段指出，全球富裕國家推展抗癌的新藥物、新手術以及新放射治療技術，最好狀況下也已無可持續，他們探究二〇一一年到二〇一五年發表的兩百七十七種治癌藥物療法臨床報告，只有百分之十五的治療對病人生存期或生活品質，帶來了有意義的改善。而且愈是昂貴的藥物，治療帶來的臨床效果愈差。

另外，在中、低收入國家，以藥技思維為主的癌症醫治，帶來的傷害大於益處。

癌症也是一種標準的複雜多因問題，當然其實人體生理現象，本來就是一種複雜多因的系統，無論傳統或近代醫學都不易處理，但一些急迫性危害生命的疾病，譬如嚴重細菌感染、外科創傷問題，近代醫學立即的簡近因果思維處理，是有良好效果的，這也就是有些專家指出的所謂近代醫學的「神奇子彈」，其中的抗生素便是最具代表性的例子。不過，造成近年全球疾病致死中三分之二的，卻是癌症以及其他一些系統功能性的問題，面對這些生理疾病，近代醫學漸漸也意識到過去堅壁清野思維的誤謬，領略到順勢共生的優勢。

全球溫度問題以及癌症疾病，都是科學思維認識中的誤區，目前主流思維依舊處於「只在此山中，雲深不知處」，未識「眾裡尋他千百度，驀然回首，那人卻在，燈火闌珊處」，而「那人」正是我們長久忽視的文化傳承思維，那也正是五四以來我們最應該尋回的文化珍寶與自信。

附錄

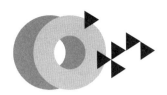

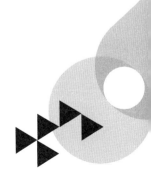

為什麼啟蒙？

現在大家都知道那個場景。一九一九年民國肇立第八年的五月四日，北京發生了一場對近代中國影響深遠的事件：為了抗議巴黎和會中山東利益的再被出賣，北京的學生走上街頭，後來到趙家樓胡同的曹汝霖宅翻牆而入，把走避不及的駐日公使章宗祥打得頭破血流。當時遊行示威學生帶頭者中，有後來做了台大校長的傅斯年。

但是九十年前北京的那個場景，卻是以中國近代更長遠的一個歷史作背景。以天朝大國自居的中國，有清一代仍有帝國氣勢，在一八四〇年鴉片戰敗以前，對於在歐洲萌發大起的近代科學，還有蠻方夷技的鄙視和抗拒，清朝大學士楊光先的「寧可使中夏無好曆法，不可使中夏有西洋人」是一代表，十八世紀末英皇特使馬戛爾尼（George Macartney）來謁乾隆碰到的挫折和屈辱，則是另一有名的例子。

一八四〇年之後，中國領略到船堅炮利的表象之後，是近代科學實徵致用的富國強兵之效。戰敗的清朝，乃有自強運動的師夷長技，但到一八九五年仍敗於明治維新有成的日本，造成文化中普遍瀰漫的悲觀氣氛，後來有銳意革新的制度變異，由廢科舉設新式學堂，最後到改革國家體制的革命運動，也就成為歷史發展的必然了。

因此，民國八年五四運動的心理背景，是近代中國面對西方國家力量侵凌的挫折和屈辱。回顧五四運動時代的文化氣氛，不難看出在當時知識文化銳意革新的背後，一種對傳統文化的深刻自卑和失望，「全盤西化」和「文化劣化」的思想，雖不是主流，亦蔚為一時流行風潮。

五四運動當時提出了「救亡」與「啟蒙」的訴求。「救亡」是要起國家於半殖民地的將傾之境，而「啟蒙」則無非希冀以西方近世思潮，啟傳統文化思想之蒙昧也。爾後幾十年的發展，如果以著名歷史學家黃仁宇的看法，「中國在一九二〇年間，面臨的還是一個類似魏晉南北朝時代的局面，那時南北有廣州和北京兩個政府，而到一九九〇年則已經相似於隋唐之勃興，過去花了（西方）三百多年動亂做背景，在二十世紀中只七十年便渡過此一難關，而且中國歷史現在已與西洋文化匯合。」

五四運動過後的四十年，有另外的一個場景。一九五九年五月七日下午的五點鐘，英國劍橋大學的大講堂，學物理科學出身的史諾（Charles Percy Snow），在該一年度的「瑞德講座」上，以「兩種文化與科學革命」的演講，奠定了他在英國社會文化發展上的一個代表地位。到今天，史諾和「兩種文化」已經成為一整個學術體系的中心議題。

史諾發表這樣的一個演講，是在牛頓發表他奠定近代科學之父地位的《自然哲學的數學原理》之後的近三百年，其所反映的，是英國強大的古典人文傳統，當時依然是社會主流思潮的一個事實。學科學出身的史諾，其家族社會階級的上升遞嬗，也是拜科學發展而來的工業革命之賜。史諾會提出如此一個演講，來自他在學院世界以及英國社會上廣泛接觸的經驗。他的演講，正是因於近代科學當時還受到英國社會人文傳統壓制而來的一個反擊。

一九六〇年代，承繼五四餘緒的中國文化知識界，無論是信仰國家主義的右翼份子，或是認同社會主義的左翼陣線，無一例外的是以擁抱所謂科學的理性客觀，來標誌一個進步的象徵意義。對於英國史諾演講引起的「兩種文化」的辯論，只視之為科學與人文的對立戰爭，並沒有省視到一個更深層的事實，那就是在一般認為近代科學啟蒙地的英國，其實對科學有一種貶抑，不但十九世紀將科學教育汙名化為職業訓練，甚至到二十世紀，在某個層面，應用科學還被視之為較為劣等的學科。也正是因為這道理，到一九五九年史諾才要大聲疾呼，並以抨擊他所認為社會帶來負面影響的「文學知識份子」，來替科學爭取平等地位。

史諾演講的歷史背景，是近代科學在歐陸的那個文化中，雖成就其社會階級的更迭和財富的累進，但是與歐陸古典人文傳統，卻一直有著依違和辯論，此一過程，不但外顯出歐陸那個文化雖是創生近代科學的源頭，卻並沒有無條件認定近代科學的絕對價值。也就是說，並沒有對近代科學的臣服與崇拜。此與我人文化自五四運動以降，幾乎視科學為唯一進步思維，形成鮮明對比。

另外一個場景，是相對來說較為個人的經驗。一九九七年八月，在南京一場為紀念二十世紀頂尖實驗物理學家吳健雄女士的研討會上，得到諾貝爾物理獎的德國科學家穆斯堡爾（Rudolf Ludwig Mössbauer），提出一個科學哲學中有趣的例子，來點破一般對科學實證與客觀真理的片面認定。

穆斯堡爾的例子可以稱之為「跳不動的青蛙」。這例子是說，如果用一隻青蛙來做實驗，先用一個聲響來驚嚇這隻青蛙，青蛙受到驚嚇會向前跳動，然後切斷這隻青蛙的一條後腿，再用聲響驚嚇牠，青蛙就跳得較近，如果再切掉這隻青蛙的另一條後腿，然後用聲響再來驚嚇青蛙，青蛙就不會跳動。穆斯堡爾說，這個實驗可以得到一個科學的解釋，那就是如果將青蛙的後腿切除，青蛙就聾了。

當然，任何一個對科學實驗精神有所瞭解的人，立刻要指出來，這個例子有著明顯的瑕疵，只要在實驗中將因果控制條件做些改變，便可以改變原先那個科學解釋。這正是一般常說的，科學有一種不斷自我更正的作用。

但是，這個例子瑕疵的明顯易見，主要因為其因果關係的直接明顯，或者說其穿透的層次較少，如果以當今主要科學研究領域，譬如物質科學的量子現象，或者是生命科學的基因作用，都是細緻幽微、遠離直觀經驗，完全是靠根植於先置概念設計之儀器訊號來做判準，在這些科學實驗中，如「跳不動的青蛙」之類合理因果推斷，卻導致謬誤解釋的科學理論，便可能要層出不窮。

穆斯堡爾的這個例子，並非他所發明，是科學哲學中的一個好例子，反映出的正是近代科學由實驗因果關聯來建立理論解釋的成功和局限性。穆斯堡爾會提出如此一個挑戰實證因果的例子，則與他自己的經驗有密切的關係。

一九五六年穆斯堡爾還是一個博士研究生，提出觀察到了後來以他名字為名的「穆斯堡爾效應」，起初因為他初出茅廬，幾乎沒有人相信，但是後來一旦這個效應得到實驗證實，又立刻形成爭相投入的熱潮。這個經驗，特別使穆斯堡爾深刻體會到，所謂的科學實證，其實強烈受到人類主觀概念認定的主導。

研究實證科學的思維都會指出來，實證科學的兩個判準，是可重複性（repeat）和可再製性（reproduce），而這兩個特性，在「跳不動的青蛙」的例子中，都完全符合。

因此，近代實證科學其實不該如某些籠統界定的是「建基於堅實證據上的可驗證客觀知識真理」，近代實驗科學並沒有那麼高的價值，近代實驗科學只是滿足了「自圓其說」以及「運作有效」兩個條件的一套解釋和操作物質宇宙和生命現象的思維知識體系。

其實回顧二十世紀二〇年代量子力學發展歷史的許多辯論，比較顯著的如對於量子力學實證實驗結果與理論矛盾的爭論，或是愛因斯坦對於量子力學的不滿意（或不相信），以及他與大科學家波耳之間的辯論。在那些爭論以後，大家認清量子力學的實證和理論瑕疵，而導致對量子力學的重新界定，認定其僅為

（一）觀測證據充分，包括：有預言實驗結果的能力，

（二）沒有內在矛盾，可以自圓其說。

因此，近代科學其實是因著其實證的內在邏輯合理和外在運作的可靠，也就是所謂「自圓其說」和「運作有效」，才成就了其在應用技術方面的成功，也才造就近代科學在人類文明中的巨大影響力和主流地位。

討論近代科學成功的文獻很多，清楚說明近代科學成功核心的，莫如一九六三年諾貝爾物理獎得主維格納在他〈科學的局限〉文章中的話。他說，

「近代科學的成功不是來自知識理論的正確性，而是來自其可以發揮的巨大應用效力。」一言以蔽之，如果沒有這種巨大的致用效果，近代科學只會是學術論辯會場中，一個辯無對手的哲思理論，猶如希臘傳統的哲思，卻不會成就今天的這樣一個人類思想主流地位。

近代科學繼續向前演進，其中知識固有擴張，但是這些基於簡近因果關係，以及在較小邊界條件中實證操作而得的知識，在面對極細微物質和超巨大宇宙兩個極端，以及面對繁衍複雜的生命現象，都日益顯現出愈來愈多局部解釋合理但整體意義失焦的問題，這些問題不只已造成某種知識運作的失效，更深刻顯現出一種基本哲學思維的偏狹。這些問題在創生近代科學母文化的歐美社會之主流學院中，其實也已有諸多的辯論。

二十世紀最偉大的物理學家愛因斯坦曾經說，「在漫長的一生中，我曾學到一件事，就是：我們所有的科學，如與現實相較量，都是原始的、幼稚的，然而在我們擁有的一切中，卻是最珍貴的。」愛因斯坦的話，一方面顯現出近代科學的可貴，另方面也清楚的說明，他認為近代科學與一個完善的理解宇宙思維，相去甚遠，這不但標示出近代科學面對宇宙思維的有時而窮，也可以意識到近代科學未必是人類面對宇宙的唯一終極思維。

面對近代科學的實證成效和巨大影響，我人有的是一個由藐視、抗拒到屈辱、受壓迫而接受的歷程，造成一種或是全面臣服，或是將近代科學過度理想典範化的心理，顯現出在面對近代科學所揭櫫宇宙物質和生命現象思維和評價的全面棄守，喪失了因於不同文化而可能有的創新思維挑戰。因為在這一套以「相近因果」，以及「局限邊界條件」所建構起來的實證規範之外，我人文化內在的一些宇宙生命思維，就某一種層次而論，其實是可以帶來新的視野，形成一個全新的文化創造契機。

我們借用兩個由吾人文化出發創造文化新視野的藝術家做為例子。一個例子是在現代芭蕾舞走出新境界的雲門舞集。林懷民由學自紐約的近代芭蕾舞的風格和技巧，走出以我人文化為內涵的舞蹈創作，如《水月》《紅樓夢》《行草》，也造就他在世界舞蹈創作上開創新境的地位。

另外一個是近年在西方作曲界享譽盛名的中國作曲家譚盾（編注：曾為《臥

虎藏龍》《英雄》等電影配樂），他曾經說：「西方的交響樂已經彈盡援絕，他們需要東方的哲學、東方文化來填充。中國藝術家如果想在西方打出一片天地，不是把貝多芬奏得更好，不是把巴哈奏得更好，而是需要用我們自己的方法去尋找一些新的思想。」

藝術和科學是有不同，他們在表現方法，客觀條件限制方面都有差異，不過卻都是人類面對客觀世界，一種再創造的產物，在這其間也都有不同文化傳統主觀價值的選擇空間。

吾人文化不是創生近代科學的母文化，面對我們長久對近代科學的單一認定，觀察近代科學母文化中，內部源源不息的反思辯論，加以近代科學本身知識發展的困境，及其所造就近代世界面臨的多元危殆景象，當下正是一個新思維萌生的歷史時刻。

受到近代歷史的影響，我人在政治經濟方面都曾經歷強權殖民，現今雖政經殖民不復，但因近世西學影響，文化思想的殖民影響，仍未能免。這一方面是西方近代學術文化的強勢，一方面則肇因於我人本身學術體質以及對自身文化信心的問題，嚴重影響文化自主創造力量的開展。

就科學方面而言，近代歷史的一個啟蒙運動，正是開頭所說的五四運動。五四運動提出的科學和民主，當時為的是救亡和啟蒙，而今天，我們卻還停留在五四運動年代所謂「科學就是啟蒙」的思維，忽視了引進學習不是啟蒙，真正的「啟蒙」要由文化內裡的再反省產生。

啟蒙問題的不可迴避，在於它的影響，恐怕還不僅止於科學和文化創造力的困境一端，更嚴重的，是造成一代或者好幾代學術文化的失根現象，以及整個社會發展左支右絀的精神虛空現象。

再過十年，就是五四運動的一百週年，五四未竟的思想啟蒙，猶待努力。

原載《聯合報》副刊「五四運動九十年特載」

二〇〇九年五月三日

科學啟蒙再評價

一九九六年我在中研院第四屆科學史研討會發表〈科學之後？超越近代科學危機的再創造〉論文，可說是個人關注科學與文化，特別是關注科學對我人文化啟蒙意義問題的起始，爾後對之省思探究，縈繞在心，至今二十三載。

二十三年前之所以會發表如此一篇大膽、事實頗有新意的論文，有其主客觀因素；個人早年的誤入數學，卻只得「數海無涯，回頭是岸」，自省覺悟實與我人文化對科學過於執迷的大氛圍有關；論文發表當時，我在報紙的科學報導評述工作十八年，投入七年撰寫的吳健雄傳已經完成，對於科學在文化中，特別是在不同文化中的意義與評價，自有一番體悟。

客觀因素則是當時冷戰方歇，二戰後半個世紀科學與國家軍經需求密切相關之局不變，冷戰時趾高氣昂的科學家，開始受到科學文化研究者的挑戰，質疑他們所謂科學客觀性的真實意義，那年發生在美國，後來也延燒至歐陸的一場「科學戰爭」，正是其代表。

科學戰爭固然引起紛爭，給科學帶來一些危機意識，但畢竟是在相對封閉的學術黌宮，對社會衝擊有限，實際帶來更大衝擊的，是一本《科學之終結》的出版，而撰寫《科學之終結》的，居然是美國最具代表性通俗科學雜誌《科學美國人》的資深撰述霍根，《科學之終結》出版當時便引起相當大的社會關注，英文版暢銷，還有包括中文版的多種譯本。

霍根之所以會由引介科學知識和科學文化的工作，覺悟出科學的局限與困境，我很能體會，因為我們在將科學知識轉介給社會大眾，都敏然於近代科學研究者所面對的，其實是對於科學既好奇也疏離的人眾，然而大多數這些科學研究者的科學訓練，只是拚命鑽研於龐巨的科學知識，一旦入得研究之門，就一頭栽入特別專門領域，他們受到近代學術體制的保護，來往接觸多是同樣思維的次領域同仁，學術體制鼓勵競爭發表的機制，讓他們對於科學本質的困境，既無需省思，也沒有興趣，有時面對一些質疑與挑戰，甚至是嗤之以鼻。

霍根雖然寫了《科學之終結》，並沒有說由十七世紀以降的近代科學，就要壽終正寢，他之所以會寫這樣一本書，主要因為他接觸認知愈多科學內涵，就愈發覺得科學終要面對的根本問題所在。霍根早歲修習比較文學，但是相對於比較文學的各說各話，莫衷一是，他原本認為科學有著清楚而實際的面貌，科學家面對問題，能建立共識，提出解決辦法，是文學評論家、哲學家和歷史學家都辦不到的。沒想到他先修習科學，後在美國最富盛名的通俗科學雜誌《科學美國人》成為著名的資深撰述，工作十年之後卻發現，科學過去面對一些比較簡近的問題，雖說相當成功，但是當前面對著一些大哉之問難題，許多理論發展，顯現出的卻是玄奧虛緲、自說自話的面貌，一如他當年研究的比較文學。

霍根《科學之終結》的十個篇章，是他深入接觸不同領域多位頂尖科學家和科學相關專家所得，由這些科學探究者的觀點，他描摹出科學是如何由過去的成功面貌，走向一個玄思迷想的困境；他書寫的範疇由科學本質到科學哲學的黃昏，物理科學到宇宙學，演化生物學和社會科學以及神經科學的認知意識難局，探索混沌複雜現象的出路難尋，到科學面對未來的無力，智慧機器創出的科學神學。霍根的成功，在於他所書寫的每一個科學思維困境，都是以他和那些思維建構者的生動對話為腳本，讓人清楚看到人類所有的思維，無論是否「科學」，都是多麼主觀意識下的產物。

我很能欣賞也領會霍根寫書的思考，那是身在「科學此山中，雲深不知處」的科學中人難以領會的。我個人對科學反思的《驀然回首》雖說尚未寫成，過去二十三年，確寫了許多文章，討論科學與文化啟蒙問題，其中最具代表性的是「五四」七十九週年在《聯合副刊》發表的〈迎接一個後科學時代的宇宙新思維〉以及十年前「五四」九十週年也在《聯副》發表的〈為什麼啟蒙？〉。

〈迎接一個後科學時代的宇宙新思維〉是以中研院科學史研討會的〈科學之後？〉論文為張本，討論在科學文化思想範疇中，早有梁漱溟、湯用彤和陳寅恪以及史賓格勒、湯恩比和胡塞爾等東西方思想代表人物，對科學本質提出批判與質疑，彰顯科學所謂客觀性的受到挑戰，然而近代科學的實徵致用，卻依然造就出影響深遠工業革命的致用性發展，但就科學哲思層面觀之，就算公認二十世紀物理科學最輝煌成就的量子力學，也是瑜不掩瑕，難謂完備，一九六一年三十九歲的新科諾貝爾獎得主楊振寧，在麻省理工學院百年校慶座談發表〈物理學的未來〉，便直指當時量子理論建構認知的危機，以及人類認知能力的困境，可說是由物理理論呼應了胡塞爾的現象客觀性質疑。

文章後半由捷克前總統哈維爾在達沃斯「世界經濟論壇」發表的〈近代紀元的終結〉，探討科學所造就近代紀元的面臨困局，然後以美國眾議院科學委員會主席布朗呼應哈維爾觀點，批判美國科學界饜求經費、忽視社會需求的本位心態，加上曾任卡特總統國安顧問布里辛斯基（Zbigniew Brzezinski）對於科學技術帶來的人類慾望放任心態，在在都顯現出，自牛頓以降三百多年的近代科學，由理念到實用層面所面臨的巨大危機，文章結語呼應文章主題，提出迎接「後科學時代」的觀點。

十年前的〈為什麼啟蒙？〉長文，直指九十年前由北京趙家樓胡同引發的五四運動，因背後出於十九世紀清季以降民族屈辱的心理，致做為「賽先生」的科學，在我人社會便成為既可「救亡」，又能「啟蒙」的思想典範，對比萌生近代科學的英國，科學因受到強大人文傳統挑戰，反能得其文化深度，反襯出科學在我人社會文化中的一種教條面貌。而被我人無限上綱的所謂科學實證價值，其實也只是在有限條件下的自圓其說，因此這樣一個因簡近因果而能實徵致用的科學，是否就是人類面對宇宙生命現象的最終極思維？

對於因受過往歐西強權殖民文化擴張影響，不自覺落入思想殖民的我人文化來說，五四所認定的所謂科學就是啟蒙，自是大有不足，因此面對五四的一百週年，我們應如何評價科學，更當是文化思維上最值得關注深思的頭等大事，此由個人的〈一個翻譯，顛覆了我們整個文化傳統價值〉專文指陳，對儒家哲思與法哲柏格森直觀哲思頗有深研的張君勱，撰文討論中國現代化與儒學復興的清末民初思想代表人物梁啟超，在五四之後的一場「科學玄學論戰」，居然被高舉「拿證據來」的地質專家丁文江斥為玄學鬼，可見出一斑。

當然，如果光看當前的社會文化景象，或會有一種科學技術無限勃發的印象；時不時我們總會聽到科學家大談物質與宇宙現象的新發現，雖說引人入勝，卻是玄奧難喻，前不久所謂黑洞的照片，正是最好的一個例子。在技術發展層面，利用科學知識的實徵致用之效，加上以滿足人性需求為目標的產業競爭之推波助瀾，光以人工智能的發展願景觀之，似乎那就將是人人殷殷寄望的一個美麗新世界。然而在本質層面，人生中有深刻意義之事，由生命現象到整體巨觀世界，多是複雜多因的，在局限條件下，以「簡近因果」思維建構起來的所謂科學「實證知識」，常時也是「短多長空」。此在個人另篇專文〈我們是怎麼迷信起科學的〉中有一段文字：

那麼此一以「簡近因果」、「實徵致用」為核心的近代科學思維，又有何困境呢？簡單來說，科學簡近實用的特性，面對線性簡明問題，容易知其因果，致其解答，得其利用，然而面對複雜多因問題，則常顯現其「只見表徵，未識癥結」的盲點，此由科學知識內涵之探討，到科學知識之運用，不一而足，明顯之例，由以化約線性思維面對複雜生命現象的「治標害本」，到近來宇宙物質探索的迷於虛玄推論，演成知識危機，也多有反思。

我們可以二十世紀至今物理科學上公認有最深遠影響楊振寧的看法做為標誌評論。二〇一五年楊振寧在新加坡的「楊—密爾斯規範理論六十年研討會」發表〈物理學的未來　重新思考〉主題演講，對一九六一年他在麻省理工學院百週年校慶座談會的物理視野重新檢討，再次顯現了他對物理科學的審慎透思。

楊振寧當年在座談會上的審慎思慮，曾遭到最後發言的著名物理學家費曼的反對，認為楊振寧過於保守與悲觀，費曼甚至以過往一百年物理科學的躍進，認為所謂的物理最終答案，或許很快就會出現。楊振寧稱讚費曼是有了不起直觀的物理學家，但他在〈物理學的未來　重新思考〉中卻問道，費曼所說的最終答案到底是什麼？楊振寧也問，一九八八年去世的費曼最後是否依然有那樣樂觀的看法。

在〈物理學的未來　重新思考〉中，楊振寧列舉過去五十年理論物理的一些成就，但是就物質結構更深刻瞭解來說，楊振寧卻十分保留，認為成就有限。楊振寧對於理論物理的審思或悲觀，與當年愛因斯坦對量子力學的質疑，可說是先後輝映，他後來接受我訪問時說，他的觀點是從儒家傳統「吾日三省吾身」教訓下引導出來的一種世界觀，而費曼則是美國文化的世界觀。我認為，楊振寧的這個〈物理學的未來　重新思考〉報告，未來將會是物理科學歷史中的重要經典文獻。

除了物理科學，在面對生命現象的生醫基礎研究，光看最具代表性頂尖的科學期刊《自然》雜誌可知，當前生醫基礎的臨床前研究，因出現許多實驗結果無法重複再現問題，已被稱之為「形上科學」，而這些臨床前研究結果，事實都是未來生物製藥或醫學治療所根據的知識源頭，影響不可謂不大。英國《經濟學人》雜誌在「科學是如何走錯」封面專題文章中指出，美國加州的世界大製藥公司安進，曾經對五十三項具指標性的癌症研究進行查核，發現低到只有六項可以重複，質疑科學標榜所謂「信任但是查核」良性機制的價值。

因此合理要問的問題就是，在以科學知識似乎解決了百年前「救亡」問題的當下，繼續以科學做為思想文化啟蒙的困境何在？

長久以來，無限上綱以科學做為思想文化啟蒙之弊，乃是造成我人「欣羨西學，貶抑傳統」的歷史大氛圍，其實成就歐西文明強勢地位，非因其有所謂科學之理性思維，近悅遠來，實因其倚恃近代科學而來之堅船利砲，是威嚇暴力而得，然我人知識中人嘗謂，歐西文明之盛，實因其人願窮究抽象之理，不似我人的過於講究實際。其實近代科學如非因其強大致用之效，則無論邏輯推理如何嚴謹，恐只會是經院課堂裡的議論辯詰，不會成為影響深遠的主流知識。

在「科學」此一日文譯名引進之前，我人傳統面對宇宙思維，原有出於《大學》三綱領八條目起始的「格致」，格致的萬物觀照，加上「誠意、正心、修身、齊家、治國、平天下」形塑出我人文化的天人一體、物我同源襟懷，不正是面對宇宙思維的一種倫理與人文觀照，不正是近時科學體制所大談的科學倫理與社會責任？為使我人超脫對科學的符咒般迷思，我曾經在〈由科學回歸格致〉文章中，倡議文化的復古更新。

在科學歷史研究中有所謂的「李約瑟難題」，李約瑟難題所提近代科學為何沒能萌生於中國的大哉之問，曾經是許多人的心頭懸念，也嘗試回答。我人文化的沒有近代科學，確實曾是吾人的失敗，面對科學強權而來之挫敗屈辱，造出的是對於自我傳統信心的喪失，然而面對近代科學當前的危機四伏，卻未必就是吾人的不幸。我曾以四句話，「合乎科學的也許好，也許不好，不合乎科學的未必不好，也許更好」，總結情狀而出科學迷思。

匈牙利裔大物理學家維格納曾在他著名的〈科學的局限〉專文中說，「科學最為特出的一點，是科學的年輕。」以宇宙長河、地球存在以及人類歷史尺度衡量，牛頓算起近代科學的三百多年，直如千古一瞬，我們不禁要問，難道這就是人類面對宇宙最後的一種思維？

多年來一向佩服大歷史學家黃仁宇對於中國歷史的詮釋境界，他相信自己的結論，比許多只去過中國「觀光」的美國的中國歷史學家更有根據，他曾說，「我的美國中國史同行的論文，只是帶著註釋的翻譯。」

我想，這同樣可以是對我人文化中學術知識界價值觀的一個批判。

我總是借用清代孔尚任《桃花扇》中的幾句話：「眼看他起朱樓，眼看他宴賓客，眼看他樓塌了」來看科學。我很欣賞老子說的，「天地不仁，以萬物為芻狗。」

也特別喜歡莊子所說，「天地有大美而不言，四時有明法而不議，萬物有成理而不說」，這正是「敬天畏神、和諧自處」，讓吾人超越近代科學，創生一個有自我文化特色新宇宙觀的思想倚恃所在。

原載《聯合報》副刊「五四運動百週年專文」
二〇一九年五月三日

國家圖書館出版品預行編目 (CIP) 資料

一生必修的科學思辨課 / 江才健著 . -- 第一版 . --
臺北市 : 遠見天下文化出版股份有限公司 , 2021.06
面；　公分 . -- (科學文化 ; 216)
ISBN 978-986-525-206-9(平裝)

1. 科學 2. 文集

307　　110009433

科學文化 216

一生必修的科學思辨課

原　　著 — 江才健
科學叢書策劃群 — 林和（總策劃）、牟中原、李國偉、周成功

總 編 輯 — 吳佩穎
編輯顧問 — 林榮崧
責任編輯 — 吳育燐
美術設計 — 陳益郎
封面設計 — 張議文

出 版 者 — 遠見天下文化出版股份有限公司
創 辦 人 — 高希均、王力行
遠見・天下文化・事業群　董事長 — 高希均
事業群發行人／CEO — 王力行
天下文化社長 — 林天來
天下文化總經理 — 林芳燕
國際事務開發部兼版權中心總監 — 潘欣
法律顧問 — 理律法律事務所陳長文律師　　著作權顧問 — 魏啟翔律師
社　　址 — 台北市 104 松江路 93 巷 1 號 2 樓
讀者服務專線 — 02-2662-0012　　傳真 — 02-2662-0007；02-2662-0009
電子信箱 — cwpc@cwgv.com.tw
直接郵撥帳號 — 1326703-6 號　遠見天下文化出版股份有限公司

電腦排版 — 陳益郎
製 版 廠 — 東豪印刷事業有限公司
印 刷 廠 — 柏晧彩色印刷有限公司
裝 訂 廠 — 聿成裝訂股份有限公司
登 記 證 — 局版台業字第 2517 號
總 經 銷 — 大和書報圖書股份有限公司　　電話 — 02-8990-2588
出版日期 — 2021 年 6 月 30 日第一版第 1 次印行

定價 — NT400 元
ISBN — 978-986-525-206-9
書號 — BCS216

天下文化官網 — bookzone.cwgv.com.tw

天下文化

BELIEVE IN READING